Der Weg zur Meisterschaft in der Führung

Für Brigitte Uncz

in freundschaftlicher Verbundenheit und

mit herzlichen Grüßen

Ihr Jürgen Schott

Jutta Schanze · Jürgen Schuster

Der Weg zur Meisterschaft in der Führung

Führung und Selbst-Führung auf dem Weg zur Spitze

Springer Gabler

Jutta Schanze
Oberursel
Deutschland

Jürgen Schuster
Kirchheim
Deutschland

ISBN 978-3-658-04331-5
ISBN 978-3-658-04332-2 (eBook)
DOI 10.1007/978-3-658-04332-2

Die Deutsche Nationalbibliothek verzeichnet diese Publikation in der Deutschen Nationalbibliografie; detaillierte bibliografische Daten sind im Internet über http://dnb.d-nb.de abrufbar.

Springer Gabler

Gedruckt auf säurefreiem und chlorfrei gebleichtem Papier

Springer Gabler ist eine Marke von Springer DE. Springer DE ist Teil der Fachverlagsgruppe Springer Science+Business Media
www.springer-gabler.de

Einleitung

Time-out für die harte Welt des Managements – raus aus dem Rad

> Wir beobachten überall auf der Welt eine Sehnsucht nach einem neuen Typ Führungskraft.
> Prof. Michael Frese, Organisationspsychologe (Lüneburg/Singapur)[1]

Die Geschichte dieses Projekts hat auf einem Waldspaziergang am Rande eines Seminars seinen Anfang genommen. Die beiden Autoren bewegte in diesem Austausch sofort und bis heute die Frage: Welchen Typ Führungskraft braucht die Wirtschaft des einundzwanzigsten Jahrhunderts? Was zeichnet bzw. welche Eigenschaften zeichnen die Entscheider aus, die in den kommenden Jahren die zukunftsweisenden Weichen in ihren Organisationen stellen werden? Welches Verständnis von Führung haben sie? Und wieweit wird die Führungselite überhaupt entsprechend vorbereitet?

In unserem Gespräch stellte sich ein gemeinsames Grundverständnis ein: Gute Führungskräfte managen nicht nur über Tools, sondern führen Menschen.

In einer Zeit, in der über ein wachsendes Führungsvakuum diskutiert wird, in der sich viele Manager hinter Zahlen und Daten verschanzen und Entscheidungsstau produzieren, wird es schwieriger, Vorbilder in den Unternehmen und vorbildliche Lehren an den Hochschulen zu entdecken.

Prof. Dieter Frey beschreibt in einem Interview deutlich ein Dilemma, das fachlich gut ausgebildete ManagerInnen situativ erleben können: „Weil sie nie systematisch gelernt haben Menschen zu führen. Ich gehe davon aus, dass jede

[1] HBM

zweite Führungskraft eine Fehlbesetzung ist…also auch kein guter Kapitän (…) und Mentor, der sich vor, hinter und neben seine Mitarbeiter stellt."[2]

Wir sehen es optimistischer und setzen auf die Macht von Selbst-Führung und – Entwicklung. Das ist die Pflicht, auf der die Kür von Menschenführung sich entfalten kann. Gelebte Werte übernehmen die Funktion von Leitplanken und geben Orientierung.

Inspiriert hat uns in diesem Zusammenhang das inhärente Führungsmodell der Kampfkunst, das seit Jahrzehnten auch im Westen als ein Leitbild diskutiert und zitiert wird. Das erscheint geradezu zwingend logisch: Die Urväter des Daoismus und Konfuzianismus – also der philosophischen Schulen die echter Kampfkunst zu Grunde liegen – hatten von jeher den Anspruch optimale Führung zu vermitteln. Auch der stark wachsende Einfluss, den Asien auf das globale Wirtschaftsgefüge ausübt und der international steigende Anteil asiatischer Führungskräfte macht es lohnenswert, dieser kulturellen Basis des Ostens interessiert nachzugehen.

Entsprechend bieten wir im Anhang direkte Übertragungen von der Kampfkunst in den gelebten Alltag moderner Führung.

Wir legen ein Buch vor, das den Leser in seiner eigenen Rolle als Führungskraft zu einem deutlichen Zuwachs an Selbstführung im Beruf inspirieren möchte – gute Führung von und für Mitarbeiter wird dann wahrscheinlicher.

Ein Buch um aus dem täglichen Rad auszusteigen, in die Reflexion einzutreten und einen stimmigen und in jedem Fall souveränen Weg in der Führung zu beschreiten.

An wen richtet sich dieses Buch?

Unser Buch richtet sich an in erster Linie an erfahrene Führungskräfte, aber auch an diejenigen unter Ihnen, die diese Rolle zukünftig anstreben oder jene, die möglicherweise eine Führungsaufgabe ohne sog. disziplinarische Kompetenzen übernehmen wollen oder müssen. Sie richtet sich an Menschen, die neugierig auf sich und andere sind. Die sich ohne Scham oder Furcht, sondern mit der Fähigkeit des Staunens auf ein Terrain begeben, von dem sie vielleicht bisher glaubten, dass es nicht notwendig sein sollte. Die Neues an sich entdecken und integrieren wollen. Deren Wunsch es ist, im Einklang mit sich und den eigenen Potenzialen andere Menschen zu führen. Die sich unabhängiger

[2] Wirtschaftswoche.

von Erwartungshaltungen anderer machen möchten und stattdessen ihren eigenen, stimmigen Weg finden wollen. Die nicht einem vermeintlich positiven Image nacheifern, sondern ein Gefühl für ihre Potenziale, ihre Möglichkeiten und Grenzen erhalten wollen. Für die einen ist es also eine reine Standortbestimmung mit offenem Ausgang, für andere das Betreten von Neuland mit entsprechenden Chancen, aber auch Risiken, die es im Auge zu behalten gilt.

Nicht alles läuft schlecht

Wenn wir uns im Folgenden sehr kritisch mit der Management- und Führungswelt auseinandersetzen, fokussieren wir uns auf die Erfahrungen aus unserem beruflichen Kontext, die Auslöser für Probleme und Konflikte in den jeweiligen Organisationen waren oder auf Berichte, die wir aus Diskussionen mit Kollegen oder Veröffentlichungen in diversen Medien entnommen haben. Sowie auf gezielte Interviews, die wir mit Führungskräften unterschiedlicher Firmen und Branchen geführt haben. Unsere Ergebnisse, die Sie hier zusammengefasst nachlesen können, fundieren aber mehrheitlich auf einer Vielzahl von Gesprächen mit unseren Klienten. Dafür ein herzliches Danke-schön an unsere Gesprächspartner. Fakt ist auch, dass wir unglaublich engagierte Menschen getroffen haben, wunderbare Führungskräfte, die sich bereits seit vielen Jahren auf ihrem ganz persönlichen DO[3] zur Meisterschaft in der Führung bewegen. Sie gaben uns Anregungen und Impulse für unsere Arbeit, teilweise waren sie aktiv an der Entwicklung dafür vorgesehener Seminarbausteine beteiligt. Sie haben sich mit großer Neugier und persönlicher Offenheit eingelassen auf neue und riskante Wege, sie haben unsere kritischen Anmerkungen aufgenommen, teilweise „ertragen" und verarbeitet. Wir haben zusammen gestaunt, reflektiert und diskutiert. Wir sind – eine der wesentlichsten Erfolgsfaktoren in Veränderungsprozessen – auch mit großem Humor an die Sache herangegangen und es hat sich ein starkes Gefühl von Verbundenheit mit den handelnden Personen und dem Thema entwickelt. Kurzum, es war ein konstruktiver Prozess. Sollte also der Eindruck entstehen, dass wir die heutige Führungswelt ausschließlich kritisch sehen, so ist das naturgemäß der Tatsache geschuldet, dass wir uns hier auf Handlungsbedarfe konzentrieren und weniger auf die Dinge, die es zu bewahren gilt.

[3] DO: Der individuelle Weg des Menschen und seine Entwicklung Kap. 2.

Inhaltsverzeichnis

Eine kurze Stimmungsanalyse der westlichen Management-Welt

1

Warum gibt es so zahlreiche Bücher, die sich sehr kritisch und/oder ironisch mit der aktuellen Unternehmenswelt auseinandersetzen? Bücher wie: „Der Arschloch-Faktor", „Ich arbeite in einem Irrenhaus" oder das bemerkenswerte „Unternehmen Wahnsinn". Diese und ähnliche Werke sind meist von Insidern geschrieben, die die Szene aus dem FF kennen, werden häufig zu Bestellern und erhalten zahllose positive Feedbacks. Warum diese starke Resonanz? Vordergründig erscheint es natürlich zutiefst populär, gegen Autoritäten zu wettern, „Die da oben" verbal zu demontieren und damit ein Wir-Gefühl zu schaffen. Doch darunter liegt etwas, dem wir uns wie einem roten Faden widmen wollen – ein starkes Unbehagen mit dem deutlichen, aber wenig greifbaren Erleben von Unfreiheit im Beruf, von Dauerdruck, von Verlust an Selbstbestimmung und Selbstwirksamkeit – und dem ebenfalls wenig greifbaren Erlebnis einer scheinbar ungenügenden Führung in dieser (und auch durch diese) dauerhaft neuen, weil dauerhaft im Change befindlichen Arbeitswelt.

Topmanager D. Zetsche hat sich in einem Interview mit der SZ 2013 ebenfalls als ziemlich unfrei dargestellt: „Sie können sagen: Ich bin fremdbestimmt. Ich komme morgens ins Büro und sage: Wie heiße ich, was habe ich zu tun? Und ich lauf los und irgendwann ist Abend, wunderbar, ich kann ins Bett gehen". – und damit sicher auch etwas Ratlosigkeit ausgelöst. Wer, wenn nicht die oberste Hierarchie bestimmt denn dann im Eigentlichen was im Haus geschieht, und besonders, wie sich die für die Mitarbeiter aller Hierarchien so bedeutende Kultur im Unternehmen entwickelt?

Ex-Lufthansa Chef Christoph Franz schlägt in der WamS ähnliche Töne an: „Als Vorstandsvorsitzender eines deutschen Konzerns ist man sehr eng getak-

J. Schanze, J. Schuster, *Der Weg zur Meisterschaft in der Führung*,
DOI 10.1007/978-3-658-04332-2_1, © Springer Fachmedien Wiesbaden 2014

tet, der eigenen Kalender treibt einen durch den Tag. Da bleibt wenig Zeit sich zurückzulehnen und über strategische Fragen nachzudenken."

Ich leiste also bin ich

Was treibt uns? Wer sorgt dafür, dass wir so schnell rennen? Wer organisiert Überlastung schon für Schüler und Studenten?

Bereits die Gestaltung der Sätze vermittelt bewusst Atemlosigkeit. Das gehört zum Phänomen, denn jeder in unserer Unternehmenswelt kennt dieses Gefühl von andauerndem Vollgas aus eigener Erfahrung.

Um es ganz klar zu machen: wir suchen nicht nach Schuldigen für eine pauschale Anklage, es handelt sich ganz eindeutig um ein gesellschaftliches Problem, das internationale Dimensionen besitzt.

Wir wissen vielleicht mit unserer Gestaltungs-Freiheit nicht so richtig umzugehen und stellen uns ersatzweise unwidersprochen in den Dienst eines soziologischen Trends: der Leistungsgesellschaft, die Leistung längst entgrenzt hat und der noch der Bezug fehlt, wann denn genug geleistet ist. Byung-Chul Han erkennt, dass der Wegfall der Herrschafts-Instanz (früherer Jahrhunderte) nicht zu mehr Freiheit führt: Er lässt vielmehr Freiheit und Zwang zusammenfallen – so überlässt sich das Leistungssubjekt… dem freien Zwang zur Maximierung der Leistung. Der Exzess von Arbeit und Leistung verschärft sich zu einer Selbstausbeutung. Han folgert: die psychischen Erkrankungen der Leistungsgesellschaft sind gerade die pathologischen Manifestationen dieser paradoxen Freiheit.

Unter dem Aspekt der Führung und Selbstführung nehmen wir dazu noch mehrfach Stellung.

Leistung per se ist uns inzwischen mehrheitlich so heilig geworden, dass wir kaum auf die Idee kommen sie zu hinterfragen. Wir würden Führungskräften sofort misstrauen, die um 16.00 h lächelnd das Büro verlassen. Wir würden es nicht verstehen, wenn uns so jemand erklären würde, dass alles erledigt ist und es nicht auf Hektik, Fleiß und Anwesenheit ankommt, sondern ausschließlich auf Ergebnisse. Wir würden vermutlich sofort darauf drängen, das so ein Kollege durch mehr Zeitaufwand (also mit mehr optisch erkennbarem Engagement) noch exzellenteren Output hinbekommen sollte. Oder uns selbst anzweifeln, weil der Kollege offensichtlich etwas beherrscht, was wir nicht verstehen.

Kurz: Wir lassen uns instrumentalisieren vom Cliché-artigen Bild eines allzeit leistungsbereiten Menschen, der immer und überall mehr als 100 % erbringt und dabei gefälligst lächelt, gut aussieht, sich wertschätzend gegenüber jedermann verhält und niemals unter Erschöpfung leidet. Und wie jede stereotype Idealisierung entspricht dieses Bild nicht der lebensnahen Wirklichkeit, sondern eher dem Anspruch eines Sisyphus.

„Fast jede zweite neue Frühverrentung ist psychisch bedingt“ warnte das Ärzteblatt im Januar 2014. Der Arzt und Psychologe Michael Kastner pointiert: „Führungskräfte müssen begreifen, dass der Mensch keine triviale Maschine mit festen Input-, Output-Relationen ist....“ – und niemand hört zu, scheint es.

Die Ideologie kontinuierlichen Wachstums wird vielleicht irgendwann scheitern, solange sich zu wenige Idealisten für die Schonung globaler Ressourcen einsetzen. Die Ideologie der Leistungsgesellschaft scheitert schon jetzt täglich, weil auch hier sich kaum jemand für die Ressource Mensch zu interessieren scheint.

„Leistung ist das goldene Kalb unserer Zeit“ erkannte eine Kollegin vor Jahren und zitierte Hannah Arendt's Gedanken vom modernen Menschen der sich zum „Animal Laborans“ zurück entwickelt.

Wie viel Würde ist uns geblieben? Wie aufrecht und selbstbestimmt gehen wir durch unsere Tage? Sind wir Getriebene der eigenen Ansprüche, der vermeintlichen Ansprüche Anderer oder hat uns Nietzsche's Wort eingeholt: „Ihr Alle, denen die wilde Arbeit lieb ist und das Schnelle, Neue, Fremde – ihr ertragt euch schlecht, euer Fleiß ist Flucht und Wille, sich selber zu vergessen. Wenn ihr mehr an das Leben glaubtet, würdet ihr euch weniger dem Augenblicke hinwerfen.“

So wie in den 1968ern die Gesellschaft oder „Das Kapital“ als nebulöse Schuldadresse diente, finden wir heute in Gesprächen die Strukturen, das Unternehmen, Investoren, das Berichtswesen oder andere kaum greifbare Schuldige für was auch immer schief zu laufen scheint. Sie finden naturgemäß Niemanden, wirklich Niemanden der offiziell anordnet, man möge im Haus Anstrengungen unternehmen, damit sich Arbeitnehmer aller Hierarchien möglichst unwohl fühlen. Zeitmangel, Stress, Effizienzverlust und Frustration fehlen auf der Agenda als Ziel – sie und andere Missstände entstehen wie von Zauberhand. Doch Unzufriedenheit mit der Situation und das diffuse Gefühl von Unfreiheit suchen sich immer einen Schuldigen oder ein Kollektiv von Schuldigen. Es bleibt uns also der bekannte Spruch: „Wo es einen Schuldigen braucht, mangelt es an Führung“.

Dilemma: Der unlösbare Anspruch an Führung

Überregulierte Organisationen und gehetzter Zeitgeist machen es Führungskräften schwerer mit Persönlichkeit und Führungswissen tatsächlich etwas zu bewegen. Sicher ist es kein Zufall, dass wir in unserer Gesellschaft sogenannte Charismatiker oder Personen mit sehr starker Ausstrahlung selten erleben.

Doch warum überhaupt stehen Führungskräfte so stark im Fokus? Warum erzählt ihnen „Jeder" bis zum Überdruss wie sie zu sein haben, und dass alles besser werden müsse?

Vermutlich hat es mit zahlreichen Faktoren zu tun die sich überlappen: dem Umstand, dass Führungsarbeit als betriebswirtschaftlicher Mehrwert schwer evaluierbar scheint und oft nicht geschätzt wird. Mit der unzureichenden Ausbildung an den Hochschulen im Bereich von Persönlichkeit und basaler Psychologie. An der Fixierung vieler Entscheider auf Zahlen, Daten, Fakten – auch weil es leichter scheint, Zahlen zu managen als Menschen zu führen. Und natürlich an „Zerebralen Kampfmaschinen" – Führungskräften, die alles Menschliche leugnen und ihre Mitarbeiter zu Funktionseinheiten degradieren, die bestenfalls dem Unternehmen, schlimmstenfalls den Karrierezielen der Führungskraft dienen sollen. Vergessen wird von diesen Managern auch gerne Rüstows Vorstellung, wonach der Markt und die Unternehmen eine dienende Funktion haben, die die materielle Versorgung des Einzelnen und der Gesellschaft sicherstellen sollen.

Abgehobene, narzisstische oder schlichtweg schwache Manager tun ein Übriges. Wobei übersehen wird, dass Menschen mit echter narzisstischer Persönlichkeitsstörung statistisch nur 1–2 % der Bevölkerung ausmachen. Wir haben es also auch mit einer unbekannten Zahl von Entscheidern zu tun, die die offensichtlich karriere-taugliche Egozentrik der Narzissten kopieren.

Wo bleiben in der Diskussion Millionen Führungskräfte, die mit ehrlicher und engagierter Arbeit einen ordentlichen Job machen? Das geschieht wohl zu leise und wenig medientauglich. Und wird oft genug selbst innerhalb des jeweiligen Unternehmens wenig honoriert. Überall erleben wir das Phänomen der Überforderung und Unterförderung von Führungskräften, die einen scheinbaren Sisyphus-Auftrag erfüllen sollen.

Dabei ist jede Gesellschaft dringend darauf angewiesen, dass möglichst viele Frauen und Männer bereit sind Führungsaufgaben anzunehmen, sich der Verantwortung zu stellen und sich mit dem erwähnten Dilemma arrangieren. Führung ist ein harter Job. Und oft auch einer der Erfüllung bietet und Erfolgserlebnisse ermöglicht – also erstrebenswert sein kann und bleiben soll.

Wir werden in den folgenden Kapiteln in unterschiedlichen Aspekten und aus verschiedenen Positionen Möglichkeiten aufzeigen, die es vor allem der individuellen Führungskraft leichter machen ihren persönlichen Weg in der Führung zu finden. Und damit eben auch einen Multiplikator-Effekt in Gang setzt, der den Mitarbeitern und dem ganzen Unternehmen dient.

Denn Stabilität und Orientierung gehen schon länger kaum noch von der Organisation aus („Einmal beim Daimler, immer beim Daimler" etc.) – dafür braucht es im Unternehmen Führungskräfte, die sich selbst führen können und den krassen Mangel an Orientierung abmildern.

Viele in der Unternehmenswelt jedoch leben mit der inneren Einstellung „Ich könnte so glücklich sein, wenn die Anderen sich ändern würden". Sollten Sie diese Haltung bei sich nicht ausschließen können, bedenken Sie bitte – es ist fast normal in unserer Welt zu fühlen und zu kommunizieren: die Anderen machen etwas falsch, das muss sich ändern. Diese Illusion aufrecht zu erhalten, ist von uns so nicht gewollt. Dieses Buch liefert Ideen für die Grundsatzentscheidung: **Ich will etwas ändern**.

Ein erster Schritt kann also die Reflexion eigener Anteile an der Situation sein. Deshalb legen auch wir zuerst den Finger in ein paar der zahlreichen Wunden, die schwache Führung verursacht.

Führung vs. Management?

Schon seit den späten 80ern machte sich von den USA ausgehend das Unbehagen breit, viele Unternehmen seien „Overmanaged, but Underlead". Wir werden im Folgenden die Begriffe Manager und Führungskraft, wie gesellschaftlich üblich, synonym verwenden. Wir werden jedoch die seit damals bekannte Unterscheidung von Warren Bennis gelegentlich zitieren, um immer wieder zu betonen: reines Managen im Sinne von Verwaltung bedeutet alleine für sich Mangel, echte Führungsarbeit hat mit Menschen zu tun und bedeutet Zukunftsfähigkeit. Beides ausgewogen in stimmiger Balance ist selten anzutreffen.

Manager haben in Deutschland seit Jahren einen denkbar schlechten Ruf. Der wirtschaftliche und finanzielle Erfolg in den letzten Jahren hat in vielen Unternehmen nicht zu einer verbesserten und die Menschen achtenden Unternehmenskultur geführt, sondern zu Parallelwelten: Zum einen die Management-Ebene, zum Anderen das sog. Humankapital (Unwort des Jahres 2005), sprich zweibeinigen Kostenstellen, die es zu managen gilt. Ein technokratischer „Führungsstil“ hat sich breit gemacht, ausschließlich orientiert an ökonomischen Interessen und basierend auf der Illusion, dass der Einsatz von Positions-Macht ausreicht, um Menschen zu produktiven und loyalen Mitarbeitern zu entwickeln. 25 % der Eigenkapitalrendite hatte der Deutsche-Bank-Chef Ackermann auch 2009 wieder als Ziel ausgegeben. „Man kann es im Geschäftsleben nicht mit Absicht gemächlicher angehen lassen, nur damit alle mitkommen“, sagte der Schweizer mit Blick auf die eigenen Zahlen. Die Zahl wurde in der Öffentlichkeit zum Symbol von Maßlosigkeit und Gier. (Meck und Hank 2011) Besonderes Unbehagen entsteht zudem, weil grobe Management-Fehler in den oberen Hierarchien kaum sanktioniert, sondern u. U. sogar durch nicht nachvollziehbare, hohe Abfindungszahlungen belohnt werden. Es herrscht eine tiefe Vertrauenskrise zwischen dem Management großer Konzerne und der heutigen Gesellschaft.

In diesem Kontext werden Entscheidungen oft nicht mit entsprechendem Hintergrundwissen kommuniziert; die stillschweigende und nicht nachvollziehbare Änderung von Prioritäten gehört mittlerweile für das mittlere Management zum beruflichen Alltag. Die Konsequenzen auf der operativen Ebene scheinen nicht bis nach ganz oben zu dringen oder finden dort nicht das notwendige Interesse. Man kürzt die Personalressourcen, erwartet aber eine höhere Effizienz und ein Mehr an Qualität. Innovationen werden zum Heilsbringer, das Tagesgeschäft jedoch ist nicht „sexy“ genug, um Aufmerksamkeit zu erregen. Erst wenn es wirklich nicht mehr läuft (siehe Bahn-Desaster in Mainz im August 2013) besinnt man sich dessen – zumindest, solange der Fokus der Medien darauf gerichtet ist.

Als Management bezeichnet man üblicherweise die Leitung und Steuerung eines Unternehmens. Führung in unserem Sinne beinhaltet die Komponenten, die das soziale Miteinander darauf ausrichtet. Die ausschließliche Fokussierung auf Management-Techniken ignoriert die Bedeutsamkeit – auch im betriebswirtschaftlichen Sinne – guter Führung. Management also funktioniert zu oft rein rational. Management-Tools können Führung immer sinnvoll ergänzen, niemals jedoch ersetzen. Eine manchmal geradezu hilflos wirkende Situation entsteht durch den Glauben an die Quantifizierbarkeit – das reine Managen über ZDF (Zahlen, Daten, Fakten). Führung beginnt für uns dort, wo dieses quantitative Management zu kurz greift. Wo es um Menschen geht und/oder beherzte Entscheidungen von Tragweite gefragt sind, also um Qualität in der Führung.

Eine groteske und auch typische Situation haben wir in jüngerer Zeit in zwei deutschen Niederlassungen europäischer Konzerne vergleichbar erfahren. Einer der Fälle steht beispielhaft für die Sandwich-Position, die zahllose Führungskräfte innehaben: Die Senior-Managerin, immerhin schon in Führungsebene 2 angelangt, beginnt das Gespräch mit dem Statement: „Wenn ich morgens auf den Parkplatz fahre, dreht sich mir schon das erste Mal der Magen um." Den Hintergrund erfahren wir: aus der Konzernzentrale kommen immer öfters tief greifende Anweisungen für Restrukturierungsmaßnahmen, deren Sinn sich der hiesigen Führung partout nicht erschließen will. Rückfragen werden kaum noch gestellt, weil sie aus der Zentrale schon gewohnheitsmäßig abgeblockt werden – „Just do it!". Wie argumentieren Sie das gegenüber den Mitarbeitern, was Sie selbst nicht für passend, geschweige denn wertvoll erachten? „Ich will das ja auch nicht, aber der Vorstand besteht darauf" – wie motivierend und sinnhaft wirkt das? Wie glaubwürdig steht die Führungskraft selbst mit diesen Argumenten vor dem Team? Führung durch Achselzucken nennt man es dort inzwischen mit bitterem Humor.

Management- und operative Ebene entkoppeln sich in zahlreichen Unternehmen tendenziell voneinander. Wir erleben, dass die eine Welt die andere nicht mehr versteht (oder sie nicht verstehen will). Symptome der Überbelastung, Resignation und innerer Kündigung werden dadurch gefördert, die Unzufriedenheit steigt ins Unerträgliche. Sollten Sie selbst sehr weit oben in der Hierarchie stehen, kann es eine Überlegung wert sein, wie die nachfolgende Ebene Ihre Vorgaben weiter ins Unternehmen trägt – mit Elan oder mit Kopfschütteln.

Aus der erdrückenden Mehrzahl unserer Gespräche wissen wir, dass in der Konsequenz vielerorts eine latente Sehnsucht nach souveräner und authentischer Führung entstanden ist.

Ressourcen-Nutzung statt Potenzialentwicklung

In einer „Ressourcen-Nutzungs-Kultur" (Hüther) mutieren Menschen zu Human-Kapital, ihre Potenziale bleiben im Verborgenen oder suchen sich andere Wege.

Vor einiger Zeit erhielten wir den Auftrag zur Durchführung einer Teamentwicklungsmaßnahme im Rahmen eines Restrukturierungsprozesses. Auslöser für die denkbar schlechte Stimmung im Team war die Aussage eines Mitgliedes der oberen Management-Ebene, der im Rahmen eines Führungskräfte-Meetings seine Veränderungsstrategie wie folgt beschrieb: „Wir holen uns die Leistungsträger aus dem Bereich A und lassen den ‚anderen Schrott' dort."

Diese Bemerkung machte (gewollt oder ungewollt) die Runde und hinterließ tiefe Narben im System – nicht ohne (gewollte oder ungewollte) Konsequenzen für den tatsächlichen Erfolg der Restrukturierungsmaßnahme. In der Folge entstand eine Vielzahl dysfunktionaler, heimlicher Spielregeln. Abgrenzung statt Kooperation, Bereichsdenken statt Mitdenken waren solche Auswirkungen.

Demütigungen und Kränkungen suchen in der Regel im Laufe der Zeit ihren Ausgleich und prägen die Unternehmenskultur.

Welche innere Haltung liegt einer solchen Äußerung zugrunde? Was treibt ein Mitglied der Management-Ebene an, seine ver-achtende Form der Kommunikation einzusetzen und im schlimmsten Fall davon auszugehen, dass Angst ein guter Motivator ist? Wer in seinem Managementstil ausschließlich nach Zahlen, Daten und Fakten vorgeht, wer Menschen reduziert auf Ressourcen-Lieferanten vorhandener oder zu entwickelnder Fachqualitäten, wer Gehorsam mit Loyalität verwechselt, der unterschätzt die Kraft eines passiv gelebten Widerstandes und verschwendet das Potenzial seiner Mitarbeiter. Wer glaubt im Ernst daran, dass die Produktivität steigt, wenn man Menschen erniedrigt?

„Stille" Führungskräfte in einer lauten Welt

Das Potenzial der Stillen – es wird häufig nicht genutzt. In einer Welt, die vor allem im Wirtschaftsleben und in der Politik geprägt ist durch extrovertierte, gelegentlich testosteron-gesteuerte Alphatiere, ist die Fähigkeit verloren gegangen, zuzuhören oder Brücken zu bauen, die es den Stillen ermöglichen, ihren Beitrag zu leisten. Die Stärken der Stillen liegen in ihrer Analysefähigkeit, ihre Fokussiertheit und der Sorgfalt Dinge zu Ende zu denken. Das geht in der Regel einher mit hohen Verantwortungsbewusstsein und einem ausgeprägten Pflichtgefühl („Ich erfülle die Aufgaben, die sie von mir verlangen, aber sie haben nicht mehr meinen Respekt, den sie erwarten."). Sie hadern mit dem, was um sie herum geschieht und führen einen inneren Kampf mit dem tief verwurzelten Bedürfnis, sich dennoch loyal zu verhalten. Wir erleben es in unseren Coaching-Prozessen, wie es diese Menschen teilweise innerlich zerreißt, sich in dieser lauten, quantitativ statt qualitativ orientierten Welt zu behaupten und nicht unterzugehen.

Zu den Stillen/Introvertierten zu gehören heißt aber nicht, schüchtern zu sein. Schüchternheit ist mit Angst verbunden, Introvertiertheit mit dem Bedürfnis nach Momenten der Stille und Rückzug.

Stille sind es aber auch, die sich auf die Sachebene zurückziehen, diejenigen, die die Ebene der Gefühle gerne ignorieren oder massiv unterschätzen und sich in der Kommunikation auf das Notwendige beschränken. Aus dem inneren Bedürfnis heraus, nicht als Selbstdarsteller wahrgenommen zu werden (was ihnen zutiefst zuwider ist), wird Hintergrundwissen nur in homöopathischen Dosen eingesetzt. Es ist ihnen oft nicht bewusst, dass es eine gute und funktionale Dosis der Kommunikation gibt, die im wahrsten Sinne des Wortes einen „Sinn" ergibt, weil es Hintergrundwissen vermittelt, das es ermöglicht, selbständig und selbstverantwortlich auf der anderen Seite zu agieren. Eine gut formulierte Email ersetzt dabei in keinster Weise den direkten Dialog.

▶ Wir haben in der heutigen Welt keinen Mangel an Information, wir haben aber einen hohen Mangel an einer guten und konstruktiven Dialogkultur.

Bei den Stillen findet man diejenigen, die sich selbstlos im Hintergrund *bemühen*, ihrer Verantwortung in der Führung gerecht zu werden (teilweise dadurch, dass sie die Dinge selbst erledigen, statt zu fordern). Die sich aufopfern bis hin zur totalen Erschöpfung. Die Konsequenz auf der Ebene der Mitarbeitenden: Man gewöhnt sich daran und stellt sich darauf ein. Es entsteht ein Führungsvakuum, das durch informelle Führung gelegentlich ersetzt wird.

Oder diejenigen, die den Dialog vermeiden durch die normative Kraft des Faktischen und ihre Mitarbeitenden mit stillschweigend vollzogenen, einsamen Entscheidungen oder Tatsachen konfrontieren.

Beide Varianten sind ein idealer Nährboden für passiven Widerstand (Dienst nach Vorschrift, nur reagieren, statt agieren, abwarten etc.) oder das Aufbrechen bzw. die Entstehung von Leistung korrumpierenden Konflikten.

Fehlende Laufbahnmodelle

Wie oft passiert es, dass das Unternehmen eine exzellente Fachkraft mangels geeigneter, differenzierter Laufbahnmodelle zur Führungskraft erklärt und damit auf zwei Ebenen ein Dilemma erzeugt: Man verliert einen brillanten Experten und „gewinnt" eine schlechte Führungskraft, verbunden mit erheblichen Kollateralschäden in der betroffenen Organisationseinheit. Eine der möglichen Ursachen dafür liegt an der mangelnden Bereitschaft vieler Organisationen und Unternehmen, Menschen offen und ehrlich zu beurteilen, ein konstruktives Feedback zu geben, menschlich fair, aber sachlich klar. Der eine oder andere von Ihnen wird vielleicht auch schon einmal über den turnusmäßigen Mitarbeiterbeurteilungsbögen gebrütet haben, nicht wissend, wie offen man denn sein kann und welche Konsequenzen es hat, wenn man es denn ist. Das gilt im Guten, wie im Schlechten und ist für alle Beteiligten oft eine leidige Pflichtübung. Mit Gerechtigkeit hat das unter Umständen wenig zu tun. Also geht man den Weg des geringsten Widerstandes und der liegt in der Regel in der Mitte. Um sich hinterher zu wundern, dass nunmehr ausgerechnet Person x eine höherwertige Funktion übernommen hat, obwohl doch jeder weiß .....

Auslöser dafür ist u. a. die Grundannahme in vielen Unternehmen, dass Führungsqualität automatisch einhergeht mit vorhandener Fachkompetenz bzw. wie von selbst entsteht (sozusagen ein Mitbringsel aus Hochschulausbildung etc.). Im öffentlich-rechtlichen Umfeld oder in hochgradig differenzierten Groß-Unternehmen (die oft vergleichbare Muster haben) entsteht oft genug und leider ein Anspruch auf Führung, wenn man ein bestimmtes Alter und einen damit unterstellten Reifegrad erreicht habe. Die Übernahme einer Führungsfunktion ist dann oft eine Kompensation für nicht zur Verfügung stehende, angemessenere und stimmigere Belohnungs-Systeme. Im besten Falle stehen zwar entsprechende Laufbahnsysteme zur Verfügung, werden aber nicht wirklich gelebt. Sonst könnte es durchaus zur gelebten Praxis werden, dass Mitarbeitende aufgrund ihres Reifegrades auf der Experten-Ebene eine entsprechende Eingruppierung innerhalb der Experten-Laufbahn einnehmen, die dazu führt, dass sie im Einzelfall mehr verdienen, als ihre Führungskraft. Führung als eigene Disziplin zu verstehen, die einen betriebswirtschaftlichen Mehrwert generiert, ist eher eine Seltenheit.

Ein weiteres Dilemma: Wir verfügen in den Unternehmen in der Regel über keine Kultur, die es möglich macht, ohne Gesichtsverlust den Posten „wieder zu räumen". Dann gilt auf eine fatale Art und Weise das „Peter-Prinzip": Jeder wird so oft befördert, bis er die Stufe seiner Inkompetenz erreicht hat – und da verbleibt er. Soziale und persönliche Kompetenzen werden zwar vorausgesetzt, teilweise auch durch interne Assessmentcenter überprüft. Wir haben es aber mehr als einmal erlebt, dass Mitarbeiter sich intensiv auf die – im Unternehmen bereits bekannten – Übungen in zahlreichen Rollenspielen vorbereiten, ihre Rolle auch perfekt eingenommen, aber leider nicht verinnerlicht haben. Es war mehr eine kognitive Leistung, als eine Überprüfung und ggf. Änderung (aus Überzeugung) der inneren Haltung und dem daraus resultierenden Verhalten im Umgang mit Mitarbeitern.

Angst als Führungsmittel

> Schon Franz von Assisi (12. Jahrhundert) hatte die vollkommene und höchste Form des Gehorsams (perfecta et summa obedientia) gegenüber dem Vorgesetzten verglichen mit einem toten, entseelten Leib (corpus mortuum, corpus exanime), der sich ohne Widerstreben und ohne Murren hinbringen lässt wo man will. (Wikipedia)

Am Anfang unseres Buches haben wir kurz beschrieben, dass in vielen Unternehmen Parallelwelten im Management entstanden sind. Die eine Ebene, die die unternehmerischen, globalen Entscheidungen trifft und entsprechende Prioritäten setzt. Die andere Ebene, die das Ganze dann in die Praxis umsetzen muss. Ob es nun die Marktanforderungen sind oder andere Ursachen: Häufig werden ursprünglich festgelegte Prioritäten über den Haufen geworfen (gelegentlich klammheimlich), oft ohne eine nachvollziehbare Begründung. Die Sinnhaftigkeit mancher Entscheidungen erschließt sich nicht automatisch für die operative Ebene. Fehlende Informationen werden nun ersetzt durch Kreativität, Vermutungen, Interpretationen, Erfahrungswerte, aber auch durch operationale Hektik. Je nachdem, wie groß der Druck ist, der auf den Betroffenen lastet. Das mittlere Management ist in diesem Zusammenhang oft der Mittler zwischen den beiden Welten, Opfer und Täter gleichzeitig. Opfer, weil sie an den grundsätzlichen Entscheidungen meist nicht beteiligt sind, für die Umsetzung aber verantwortlich gemacht werden. Täter, weil sie den Druck, den Sie haben, gelegentlich unreflektiert nach unten weitergeben. Dass dann einsetzende, scheinbar irrationale und für Mitarbeitende nicht mehr nachvollziehbare Verhalten dient der Erhaltung der Reputation als Führungskraft. Die Konsequenzen daraus: eine sinnvolle Kommunikation in Form von direktem und zeitnahen Dialog muss der Information über Email weichen. Man macht nur noch das, was man machen muss, Fehler werden vertuscht, um nicht als Schuldiger identifiziert zu werden etc. Wer kann (und will), verlässt das sinkende Schiff, schlimmer noch: bleibt da und geht in die innere Kündigung.

Nun zur Führungs-Kultur in diesem Umfeld. In Coaching-Prozessen ein Thema: Ein derart, scheinbar sinnfreies Verhalten ist oft eine Kompensation von tief sitzender Angst. Angst vor Machtverlust, Angst, nicht mehr dazuzugehören, Angst die Kraft zum Aufrechterhalten eines brüchigen Images nicht mehr aufzubringen. Angst, dass mir andere auf die Schliche kommen, Angst, den eigenen Ansprüchen nicht zu genügen etc. Wer Angst hat, führt in der Regel über Druck, nicht über innere Autorität. Praktizierter Umgang mit der ignorierten Angst: Er (oder sie im Einzelfall) legt sich einen bissigen Kettenhund zu (gelegentlich in Form externer Berater), der Schwachstellen erschnüffelt, das Revier absteckt und stellvertretend für ihn/sie beißt. Auch in der Hoffnung, von der Angst etwas auf andere zu übertragen. Das ist ein Appell an den Gehorsam, die Loyalität bleibt naturgemäß auf der Strecke.

Das alles sind keine Phantasien oder Arbeits-Thesen, sondern Beispiele aus unserem beruflichen Alltag. Angst im Management ist ein Tabu. Somit wird sie ignoriert oder – wie oben beschrieben – kompensiert. Angst ist aber auch ein wichtiger Sensor, eine Energiequelle, begleitet durch archaische Impulse von Kampf oder Flucht.

Wir haben Vorgesetzte erlebt, die sich nahezu damit gebrüstet haben (oder diesen „Geheimtipp" hinter vorgehaltener Hand an ihre Kollegen weitergegeben haben), Mitarbeitende nur ordentlich unter Druck zu setzen (ein anderer Ausdruck für Angst), dann funktionieren diese schon. Ein toter, entseelter Körper jedoch kann nicht denken, übernimmt keine Verantwortung, sondern blickt nach oben und wartet auf Anweisungen.

Eine andere Variante, Angst als Führungsinstrument einzusetzen, ist die öffentliche Demontage. Sie schreit geradezu nach Ausgleich, bringt die Führungskraft einen entscheidenden Schritt weiter in der Eskalation bestehender Konflikte, schafft Verbündete auf Seiten der Betroffenen und ein Klima der Anpassung. Der Preis ist hoch, zeigt sich aber u. U. erst sehr viel später.

Die Crux der Macht

> Willst du den Charakter von Menschen erkennen, gib ihnen Macht (Abraham Lincoln)

Die Definition aus dem Brockhaus: „Macht sei das Vermögen einer Person oder Gruppe, ihre Ziele gegen. Widerstände durchzusetzen." Wer führen will, braucht also Gestaltungs- und Entscheidungsbefugnisse, benötigt Kompetenzen, die es möglich machen, im Zweifel Entscheidungen um- und durchzusetzen. Macht und Verantwortung sollten im Führungsprozess unmittelbar miteinander verknüpft sein. Wer also seiner Verantwortung gerecht werden will, muss im Bedarfsfall von seiner Macht aktiv Gebrauch machen. Wer jedoch für etwas verantwortlich ist, was er oder sie nicht selbst aktiv beeinflussen oder entscheiden kann, wird missbraucht.

Das Einsetzen von hierarchischer Macht als dominantes Führungsmittel beinhaltet das Risiko, auf Dauer eine relevante Anzahl frustrierter, resignierter, angepasster, aber eben auch ängstlicher Mitarbeiter zu haben. Verursachergerecht hat dies meist zur Folge, dass Fehler nicht vermieden, sondern vertuscht werden und sich damit der Kontroll-Aufwand für die Führungskraft erhöht. Der Nährboden für eine Kultur der Angst und des Misstrauens.

Für solche Führungstypen gilt:

> Es nötig haben, andere zu beherrschen, heißt andere nötig haben. Der Vorgesetzte ist ein Abhängiger. (F. Pessoa)

Die Wert-Losigkeit im Management

In unserer Hochgeschwindigkeits- und Hochglanzgesellschaft werden Maßlosigkeit, Egoismus und das Streben nach Macht oft zur Richtschnur, die Fassade wird zum Ersatz für die unabhängige Persönlichkeit, die Hochglanzbroschüre zur Alibifunktion nach außen. Unternehmens- und Führungsleitlinien werden mit großem Aufwand (materiell wie zeitlich) erstellt, marketingmäßig aufbereitet, das propagierte Wertesystem mit Monitoren in den Besprechungsräumen präsentiert, Mitarbeitern und anderen Interessensgruppen zur Verfügung, Web-Sites erarbeitet und ins Netz gestellt – kurzum, es wird viel investiert. Werte werden nicht mehr zum Wohle der Mitarbeitenden (inkl. der Management-Ebene) eingesetzt, sondern zum Aufpolieren von Bilanzen und potemkinscher Dörfer, fein herausgeputzt, um den tatsächlichen Zustand zu verbergen. Substanz muss der Oberflächlichkeit weichen. Ein massiver Glaubwürdigkeitsverlust wird – bewusst oder unbewusst – in Kauf genommen, die Konsequenzen ignoriert oder verharmlost. Gepredigt wird von den Protagonisten dabei häufig die Orientierung am Gesamtinteresse, gehandelt jedoch nur mit Fokus auf den eigenen Bereich und den eigenen Vorteil.

Die jungen Wilden – oft „hyper-intelligent" aber sozial desinteressiert, streben nach Karriere, Status und Geld. Statt dem Streben nach gemeinsamer Identität und Verbundenheit macht sich ein unverhohlener Egoismus breit. Das hochgehaltene Außen-Image stimmt dann nicht mehr überein mit der gelebten Kultur im Innen-Verhältnis, die Mitarbeitenden in den Organisationen finden keine Orientierung mehr, die Identifikation mit dem Unternehmen wird der Gleichgültigkeit geopfert, Dienst nach Vorschrift wird zur Notlösung.

Dabei sollte sich Führung an einem gemeinsamen Grundverständnis (sprich: an gemeinsamen Werten) orientieren. Häufig begegnet es uns jedoch, dass unsere Nachfragen bezüglich dieser Werte mit einem müden Lächeln beantwortet werden – die heimlichen Spielregeln besagen, dass kommunizierte Werte nur der Außenwirksamkeit geschuldet sind, die gelebte Praxis sieht anders aus. Dass Werte zur Be-Wertung von Führungsverhalten herangezogen werden, dass Führungskräfte daran gemessen (und ent- oder belohnt) werden, ob diese zum Fundament der inneren Haltung werden, ist meist personenabhängig.

Coachen wir die Falschen?

Sie werden an diesem Punkt der Lektüre vielleicht ein ungutes Gefühl empfinden – zu negativ diese Bilanz, oder alles schon mal gehört? Vielleicht haben Sie sich auch gefragt, ob wir zufällig gerade in Ihrer Organisation eines unserer Interviews durchgeführt haben – so genau kennen und erleben Sie die angesprochenen Umstände.

Wir haben einige Auswüchse menschengemachter und doch für Menschen ungeeigneter Arbeitsumwelt ganz bewusst am Anfang beschrieben. „Problem erkannt – Problem gebannt“ gilt leider viel zu selten. Wir erleben stattdessen in der Wirtschaft wie in Verwaltungen zahllose Führungskräfte, die einfach nur irgendwie durchhalten wollen. Die den Glauben an die eigene Gestaltungsmacht, den Idealismus der ersten Jahre an den Nagel gehängt haben und sich darin bescheiden weiter zu machen, solange Status und Einkommen einigermaßen passen. Und doch unzufrieden sind mit der halbgaren Situation, weil sie sich – wie hunderttausende andere Führungskräfte auch – erst in der Mitte des Lebens befinden und noch nicht wie frühere Generationen die Jahre bis zur Rente herunter zählen wollen. Und eigentlich noch viel vorhaben – nur wird das immer wieder verschoben. Als Ausgleich scheinen wir in einer Gesellschaft zu leben, die die Kunst von Ausrede und Rechtfertigung perfektioniert hat.

► Ich bin viel weniger Opfer, als ich denke (oder hoffe).

In der Beratung bei uns und Anderen landen entsprechend die Menschen, die genügend Resilienz aufbringen, dem Trott entkommen zu wollen. Die aus der

Rolle „Opfer der Umstände" aussteigen wollen. Umstände, die oft mangelnder oder schlechter Führung anzulasten sind, oder sich sonst wie durch die Hintertür in die Organisation eingeschlichen haben. In deren Sinne wollen wir uns ab hier zahlreichen Möglichkeiten zuwenden, wie es auch ganz anders laufen kann im modernen Wirtschaftsgeschehen. Beginnend beim Einzelnen, der das Experiment konsequenter Selbstführung eingehen möchte – um genau dort den notwendigen Change zu beginnen, wo es am wichtigsten und am wirkungsvollsten ist. Bei sich selbst.

Wir laden dazu ein, indem wir uns durch die koreanische Sprache inspirieren lassen – dort kennt man den Begriff „Problem" nicht. Statt Problem setzen Koreaner das Wort „Aufgabe".

Nehmen wir also die **Aufgaben** in Angriff.

Kampfkunst und Führung 2

Wo Harvard's New Leadership School und Prinzipien der Kampfkunst einander begegnen

Eine **Abgrenzung** ist uns wichtig für unsere Ausführungen: der Unterschied zwischen Kampfsport und Kampfkunst ist so grundlegend, wie unbekannt. Stellen Sie sich Dirk Nowitzki (Basketball) und Messi (Fußball) vor. Beide spielen virtuos mit einem Ball – und könnten doch nicht in der gleichen Liga oder gar gemeinsam in einer Profimannschaft kooperieren.

Noch unterschiedlicher sind Kampfkunst und Kampfsport, denn sie differieren drastisch in den angestrebten Zielen. Diese Differenz ist für das Verständnis unserer Transkriptionen aus der traditionellen Kampfkunst in die Entfaltung exzellenter Führung moderner Unternehmen von grundlegender Bedeutung. Deswegen stellen wir die Verschiedenheit nachfolgend kurz, aber klar heraus.

Kampfsport will nur eines: den Sieg. Das ist durchaus legitim und für einen Manager meist bereits ein Sympathiewert, wir wollen uns ebenfalls im Wettbewerb durchsetzen und den Gegner (Mitbewerber) „schlagen". Beispiele aus dem Kampfsport sind Boxen, Ringen, Fechten etc. und das Ziel ist Ruhm und Ehre, vielleicht Olympia. Und sehr gerne ein Sponsoren – oder Werbevertrag, manchmal richtig großes Geld. Entsprechend gibt es inzwischen reichlich Seminare, in denen Ex-Sportler Manager trainieren und zu Siegertypen formen wollen. Die nachhaltige Wirkung ist oft eher gering, was sich Ihnen bei der Lektüre von Kap. 3 sicher erschließen wird.

Kampfkunst vermittelt schon optisch ein Bild, das so ganz anders ist: weit weg vom Glamour z. B. des Profi-Boxens. Die unaufdringliche Erscheinung der Kampfkünstler hat noch einen weiteren Grund – gerade die asiatischen Meister sind oft von geradezu zierlichem Körperbau. Muskelberge würden die Bewegung behindern – denn Effizienz in der Kampfkunst kommt aus der

J. Schanze, J. Schuster, *Der Weg zur Meisterschaft in der Führung*,
DOI 10.1007/978-3-658-04332-2_2, © Springer Fachmedien Wiesbaden 2014

Geschwindigkeit, was physikalisch beweisbar bedeutet je **schneller** ein Schlag kommt, desto größer ist die auftreffende Energie, also die Wirkung. Und damit machen echte Meister auf Dauer den im Sport üblichen Begriff der Körperbeherrschung überflüssig – der ganze Körper wird Bewegung, leicht, schnell, effizient. Biomechanisch optimierte Bewegungsabläufe kosten wenig Kraft bei hoher Stabilität. Es hat auch etwas mit Eleganz zu tun und sehr viel mit Hebelwirkung auf die wir noch ausführlich eingehen werden.

► Kampfkunst hat niemals Gewalt zum Ziel.

Und damit kommen wir dem tieferen Sinn der Kampfkunst näher: diese Kunst will in letzter Konsequenz den Kampf überwinden und unnötig machen.

Der Zusammenhang erschließt sich bei einem genauem Blick auf die chinesische Kalligraphie: die Schriftzeichen für **Kriegskunst/Kampfkunst** (wushu) sind zusammengesetzt aus den Elementen „Anhalten" und „2 Lanzen". Daraus erwächst die ursprüngliche Bedeutung: die Kunst die Lanzen anzuhalten – sowohl die eigene als auch die gegnerische. Es geht im eigentlichen Sinn der Kampfkunst um äußere Befriedung und innere Harmonie[1]. Um das Ideal des Siegens durch Nicht-Kämpfen. Und damit letztlich um die höchste Form der Effektivität.

So wird der grundlegende Unterschied zwischen Kampfsport und Kampfkunst deutlich – durch Kampfkunst strebt der Übende einen langfristigen und nachhaltigen Effekt an – der Kampf wird auf der Basis von innerer Stärke (Unangreifbarkeit) für den Gegner erkennbar sinnlos und somit vermieden. (Eine ideale Situation für konfliktgeübte Führungskräfte um die es in diesem Buch geht.)

Um dieses anspruchsvolle Ziel zu erreichen trainieren Menschen seit Jahrhunderten ganz logisch zuerst den Kampf – hunderte, besser tausende von Stunden im Dojo/Dochang wie die entsprechenden Räume genannt werden. Diese strahlen oft eine bescheidene Atmosphäre aus, was dem Fokus auf das Training dient und sich auch ganz banal damit erklärt, dass mit einer Kampfkunstschule selten jemand reich wird. So genügt oft eine stundenweise gemietete Turnhalle, die Untermiete im Fitness-Studio o. ä.

Die Einfachheit der Ausstattung hat sogleich den Vorteil, dass Ablenkung unterbleibt. Das äußert sich auch durch die Kleidung: alle Übenden tragen den

[1] (Kampfkunst als Lebensweg, Kristkeitz).

gleichen, meist weißen oder schwarzen Anzug. Unterschiede ergeben sich maximal durch verschieden farbige Gürtel.

Wenn aber alle Anwesenden den gleichen Anzug tragen, macht das Gesicht den Unterschied, also der Mensch in seiner Individualität. Äußere Statussymbole verlieren an Bedeutung, sie bleiben auf dem Parkplatz oder in der Garderobe. Wenn jetzt nur noch der Mensch zählt, was zählt dann für den Menschen, der sich auf das Training einlässt? Die folgenden zwei Passagen zeigen die Chancen.

Fazit

- Kampfsport braucht ein Gefälle zwischen „Stark und Schwach“, damit ein Sieger ermittelt werden kann
- Kampfkunst braucht nur eine präsente Persönlichkeit

Dao/Do: Der Einfluss der Philosophie auf die echten Kampfkünste

Gekämpft haben wir Menschen in unserer Historie wohl immer. Gegen Raubtiere, deren Beuteschema wir entsprachen, gegen andere Horden um knappe Ressourcen – jedenfalls um unser Überleben. Kampfsport ist davon ein Überbleibsel, ebenso die Kampfkünste, die sich in ihrer technischen Finesse entwickelt haben aus der Notwendigkeit, in einem Kampf um Leben und Tod gegen einen überlegen bewaffneten Feind eine Chance zu behalten. Auch die Mönche im Shaolin-Kloster waren nicht vor Überfällen geschützt und hatten doch ein spirituelles Gebot Leben zu schonen. Die Landbevölkerung im alten China sah sich über Jahrhunderte mit Waffenverboten konfrontiert, ohne dass die herrschenden Dynastien verlässlich Schutz vor Räubern oder Überfälle durch Nachbarvölker garantieren konnten. Es entstand eine hohe Fertigkeit in waffenloser Selbstverteidigung, ebenso wie im virtuosen Einsatz von Alltagsgegenständen (Dreschflegel, Sichel, Stock, Fächer etc.). Dadurch entstanden hunderte unterschiedlicher Schulen und Richtungen im damals schon riesigen „Reich der Mitte“ und es kamen – der Legende nach – auch bedeutende Einflüsse aus Indien durch buddhistische Mönche hinzu. Das ist die grobe Skizze einer Historie, deren detaillierte Beschreibung ein größeres Buch füllen würde. Wir fassen uns in Rücksicht auf unser Kernthema kurz. Das gilt für den interessierten Leser auch für die folgenden Zitate und Übertragungen aus dem Buch Daodejing, die eine tiefgehende und umfassende Interpretation und

Würdigung schon in zahllosen Werken erfahren haben. Weiterführende Literatur empfehlen wir im Anhang.

Das Zusammenwachsen von Selbstverteidigung und Philosophie zum DO

Sehen Sie bei dem Begriff Kampf*kunst* in Ihrer Vorstellung Menschen wie Bruce Lee oder Shaolin-Mönche, die artistische Glanzleitungen vollbringen um sich und andere zu schützen? Die Körperbeherrschung, die durch vieljähriges Training erreicht werden kann ist zweifelsohne beeindruckend – und hat doch wenig Relevanz beim Angriff von Hooligans im Bahnhofsviertel oder bei Überfällen von Räubern im alten China. In Notsituationen verteidigt sich ein in Gong Fu, Karate, Judo etc. ausgebildeter Mensch kurz, knapp, effektiv. Ohne jede Show-Einlage, die ihn vielleicht das Leben kosten könnte. Das Ideal guter Kampfkunst ist völlig unauffällig, vielleicht sieht es sogar so aus als wäre der Angreifer nur ausgerutscht. In jedem Fall wird ein wahrer Meister der Kampfkunst sich keinesfalls zu einer unnötigen Auseinandersetzung provozieren lassen – und dadurch Energie verschwenden oder sich von seinem Weg und Ziel ablenken lassen. Hier erkennen Sie vermutlich schon deutliche Benefits für modernes Management – wir erliegen ständigen Ablenkungen in internen wie externen Auseinandersetzungen und beobachten frustriert und scheinbar schicksalhaft einen Verlust an Ressourcen und Energie.

Woher kommt diese idealtypische Haltung eines Meisters der Kampfkunst? Diese Ausstrahlung von souveräner Güte und natürlicher Autorität bei höchster Kampfkraft (Durchsetzungsfähigkeit)? Die Chance zu einer entsprechenden Entwicklung der eigenen Persönlichkeit braucht ein passendes Umfeld. Die Grundlage in Asien bilden starke philosophische Strömungen, die sich in über zwei Jahrtausenden vielfach verändert und angepasst, doch ihre Authentizität und innere Stärke bewahrt haben. Dies betrifft besonders den Daoismus aus China, in Japan kamen eigene Einflüsse dazu. Die Philosophien haben sich mehr und mehr mit den Kampfkünsten verbunden, zumal diese besonders in Klöstern gelebt und gelehrt wurden.

Zur „Kunst“ werden die asiatischen Formen der Selbstverteidigung außer durch ein hohes Maß an Fertigkeiten also endgültig durch den über Jahrhunderte währenden Einfluss der Philosophie – das grenzt sie überdeutlich vom reinen Sport ab.

Als entscheidendes Werk des Daoismus und somit des Begriffs DO als Endung von Kampfkunst-Begriffen gilt das Daodejing („Das Buch vom Weg und seiner Wirkung"). Eines der meist übersetzten und interpretierten Bücher der Welt.

Entscheidend dabei ist für unseren Zusammenhang, dass der Autor Laozi[2] den Führenden seiner Zeit Orientierung für die optimale Ausübung von Macht zum Wohle von Staat und Volk an die Hand gegeben hat. Bei der Transkription in die Gegenwart werden Sie den Zeitsprung von zweieinhalb Jahrtausenden nicht spüren. Ob Staat oder Unternehmen, Volk oder Belegschaft – basale Führungsprinzipien sind Teil unserer Spezies und haben Bestand, egal ob im äußeren Erleben gerade die Dampfmaschine oder der Tablet-Computer neue Standards setzen.

► Führung steht und fällt mit Persönlichkeit.

Lebenslange Entwicklung

Die lebenslange Entwicklung der eigenen Persönlichkeit ist höchstes Ziel der Kampfkünste

Das chinesische Schriftzeichen für Dao (jap./koreanisch DO) setzt sich aus dem Zeichen Kopf und einem Zeichen für gehen/bewegen zusammen. Symbol für den individuellen Menschen in seiner Entwicklung – **auf seinem Weg** (siehe Abb. 2.1).

Der Einfluss der Philosophie auf die Kampfkunst wurde auch stärker, je mehr die Kämpfe auf Leben und Tod abnahmen und die Kampfkunst zunehmend zum Instrument der persönlichen Entwicklung und Erziehung wurde.

Entsprechend existieren von alters her bestimmte ethische Normen zur Tradition der Kampfkünste. Ausgedrückt wird das in China beispielsweise durch die Begriffe **wude**, meist übersetzt mit „Ethik des Kriegers". Sowie **wen-wu**, dabei bedeutet **wen** so viel wie Bildung oder moralische Vervollkommnung und **wu** entsprechend Kampf – beides wird also vereint. Kampfkunst soll nur demjenigen gelehrt werden, der bereit ist an seiner charakterlichen Entwicklung mit gleicher Konsequenz wie am Erlernen der Kampftechniken zu arbeiten.[3]

[2] Ob es *einen* Autor diesen Namens gegeben hat, oder ob es sich um eine Sammlung handelt ist umstritten und bleibt von uns unberücksichtigt.

[3] Kampfkunst als Lebensweg, Kristkeitz.

Abb. 2.1 DO, der Weg des Individuums und seiner persönlichen Entwicklung

Der **Zuwachs an Macht** durch meisterhafte Beherrschung der Techniken wird in den Kampfkünsten also eng mit moralischer/charakterlicher Entwicklung verbunden. Demut gegenüber den eigenen Fähigkeiten wird selbstverständlich. Über die Jahrhunderte wurde dabei DO darüber hinaus zum Weg des Individuums – der Weg der lebenslangen, persönlichen Ent-Wicklung.

In unserem Zusammenhang geht es zu keiner Zeit darum Kampfkunst zu erlernen (was für ein gutes Niveau sowieso Jahre erfordert), sondern darum **von der Kampfkunst zu lernen**.

Anmerkung: Bei weitem nicht jeder Trainer, der hier im Westen eine Schule aufmacht, versteht und lebt die anspruchsvolle Tradition. Hoch zu treten oder hart zu schlagen ist alleine für sich nur Kampfsport oder Selbstverteidigung – ohne nennenswerten Mehrwert für die Persönlichkeit. In einem *Dojo* mit Anspruch an das eigene Training und Hochachtung für den Ursprung der Kunst wird auch in Europa auf die Vermittlung des Weges und seiner Werte geachtet. Fritz Nöpel, einer von Deutschlands renommiertesten Karatelehrern stellt fest:

„Kampfkunst ist Charakterschule"[4]. Dem haben wir entsprechend nichts hinzuzufügen.

Fazit

- Durch die Verschmelzung von Selbstverteidigung, Meditation und Philosophie schufen die alten Meister seit über 2.000 Jahren ein ganzheitliches Schulungs-System mit Übungsmethoden für Körper und Geist als Basis einer umfassenden Persönlichkeits-Bildung. (Petra Schmidt)
- Im Sinne von Konfuzius ist der DO einfach der Weg, der es dem Individuum möglich macht, seinen Platz in der Gesellschaft zu entwickeln und einzunehmen.
- Die auf dem *Weg* angeregte kontinuierliche Verbesserung entspricht (grob gerastert) auf Unternehmensebene der Methode des Kai-zen und dem westlichen Bild des lebenslangen Lernens/der lernenden Organisation.
- In japanischen und koreanischen Kampfkünsten wird die Verbindung zur Philosophie manifestiert durch die Nachsilbe DO, z. B. Ju-do, Ken-do, Karate-do, Taekwon-do, Hapki-do etc. sowie den Überbegriff Bu-do.

Die Verbindung von Kampfkunst und Führung

Ein zentraler Satz (Vers 48) des erwähnten Daodejing lautet – zugegeben etwas frei interpretiert für das 21. Jahrhundert –

> Um deines Erfolges willen steigere dich täglich mehr und mehr.
> Um deiner **Entwicklung** willen lasse los, täglich mehr und mehr.
> Loslassen und noch einmal loslassen –
> So erreichst du deine Taten unerzwungen.
> Und durch unerzwungene Taten bleibt nichts ungetan.
> Nur frei von hetzender Eile kannst du begreifen, meistern deine Welt
> Die in hetzender Eile versuchen ihre Taten zu erzwingen –
> sie begreifen, meistern sie nie, ihre Welt. (nach Dahmer, 2006)

(Anmerkung: Im Original lautet Zeile 1 „Um des Lernens willen", Zeile 2 „Um des Dao willen")

[4] Kampfkunst als Lebensweg, Kristkeitz.

Die Übertragung in modernes Management fällt leicht, vermutlich ist gerade ein Bild aus Ihrer Organisation vor Ihrem geistigen Auge entstanden. „Hetzende Eile“ verstehen wir nur zu gut – Stress reduziert auch *unsere* kognitiven Fähigkeiten täglich, während wir im Multitasking ersaufen, enge Deadlines sich wie eine tödliche Gefahr in unserem Körper auswirken, wir uns im gnadenlosen Wettbewerb innerhalb und außerhalb der Organisation befinden und (unbewusst?) fühlen – wir werden niemals fertig. Sind wir einfach nicht gut genug? Ist die Anforderung zu hoch? Und jetzt kommt ein Philosoph und rät uns: Loslassen – und noch einmal loslassen? Langfristige Entwicklung statt kurzfristig erzwungener Taten?

Wahrscheinlich würden wir so einen Satz gerne einfach beiseitelegen, zumal er ca. 2.500 Jahre alt ist. Doch die Meisterschaft und Autorität seiner Worte lässt uns erkennen, dass die Führungsprobleme sich über die Jahrhunderte erhalten haben. Wie immer Sie selbst die Worte von Laozi interpretieren: Gelassenheit, Standfestigkeit, und eine langfristige Perspektive sind Forderungen an Führung, die erkennbar zeitlos sind, und in der gerade erwähnten Unkultur aktueller, kräftezehrender Hektik mit einem Tunnelblick auf die nächste Präsentation, das kommende Gespräch, den Quartalsbericht immer mehr Bedeutung gewinnen.

Der weitreichende Aspekt in diesem Vers ist also eine Idealposition für Führungskräfte in einer Zeit enormer Beschleunigung und zunehmenden Mangels an Orientierung.

Ein Aspekt des „Loslassens“ kann das hier oft empfohlene Abgeben von Aufgaben sein. Je mehr und besser ein Leitender (m/w) sowohl konkrete Aufgaben als auch die zugehörige Verantwortung und Macht delegiert umso mehr kann sich die Führungskraft aus der Hektik des Tagesgeschäfts herausnehmen und die große Linie vorgeben. Sie kennen das Prinzip vermutlich auch als „Führen im Auftrag“ von der Bundeswehr. Der Offizier erhält den Auftrag (beispielsweise eine Brücke zu sichern) und **entscheidet selbst** vor Ort wie er und sein Team dieses Ziel erreichen. Er kann dadurch situativ sofort handeln, sich wechselnden Gegebenheiten ohne Rücksprache anpassen und erlebt, was wir in Organisationen immer wieder vermissen – Entscheidungsbefugnisse die mit Aufgabe und Verantwortung übereinstimmen. Idealerweise werden dadurch Ressourcen geschont, der Sinn der Aufgabe ist jederzeit klar. Unerzwungene Taten (**wu wei**, oft übersetzt mit „Absichtsloses Tun“ oder „Handeln durch Nicht-Handeln“) heißt bei Laozi zu keiner Zeit Faulheit – angestrebt wird die unangestrengte, weil effektive Steuerung von Prozessen durch bewusste Zurücknahme der eigenen Person – idealerweise auf einer Basis natürlicher Autorität und der sich daraus ergebenden Chance zur Gelassenheit. Nur so, interpretieren **wir** Laozi, hat eine Führungskraft wirkliche Möglichkeiten zu echter Gestaltung. Es entsteht Hebelwirkung, eine der wichtigsten Lehren der Kampfkunst – und einer der bedeutendsten Tugenden moderner Führung. Loslassen heißt vermutlich auch Kontrolle zu reduzieren und Menschen etwas zutrauen. Je größer die Verantwortung ist und weitreichender die Machtbefugnisse, die Sie an Ihr Team delegieren, umso stärker wird Ihre Basis und die Hebelwirkung Ihrer Entscheidungen – also auch Ihre Macht. Ob Ihre Leute das aushalten und dafür geschult sind, kurz wie qualifiziert Ihr Team ist und wie weit Sie ihm vertrauen können, mögen Sie selbst beurteilen. Darin liegt Aussagekraft über Ihre eigenen Fähigkeiten als Vorgesetzter, oder zeigt ein lohnendes Arbeitsfeld.

Das Gegenteil (hetzende Eile/erzwungene Taten) erleben und kritisieren wir alle als den hektischen Aktionismus, die Atemlosigkeit die wir in unserem Umfeld aktuell so stark wahrnehmen. Viele Führungskräfte scheinen einen Teil ihrer Persönlichkeit an ihr Smartphone abgetreten zu haben. Oder noch bedenklicher: Sie verwechseln ihre eigene Bedeutung als Mensch mit der Fülle der To Do's und Mails pro Tag und Woche. Wir geben uns das Gefühl von Beschleunigung, jedoch fehlen unserem Ferrari die Räder – wir spielen nur schnell, während wir uns in ständiger Ablenkung verlieren.

Wie möchten Sie selbst geführt werden: durch überanstrengte Vorgesetzte die kaum noch Zeit haben für ein Gespräch, geschweige denn eine Entscheidung? Und wie nehmen Sie sich selbst wahr, wie werden Sie von Ihren Mitarbeitern wahrgenommen? Eher Gestalter oder von den Umständen Gestalteter? „Karriere wird nach 20.00 h gemacht" – ernsthaft?

Wie viel Struktur erlebt Ihr Team bei Ihnen selbst und wie viel Struktur vermitteln Sie in Ihren Bereich hinein?

Die Anregungen des Laozi gehen sehr eindeutig in Richtung von aktiver Selbstführung und sind damit erstaunlich konform mit aktuellen Lehren westlicher Management-Literatur. Diese Lehren decken sich meist mit „gesundem Menschenverstand" werden viel in Workshops gebucht und wenig gelebt. Gerade die viel beachtete Schule des Transformational Leadership braucht essentiell den Überblick und die Neugier auf die Potentiale der Mitarbeitenden um deren Wachstum in einer Umwelt kontinuierlicher Transformation zu fördern. Dazu hilft die punktuelle Zurücknahme der eigenen Person aus der Fülle der Anforderungen und Termine. Sowie Perspektivenwechsel, Hinterfragen und Reflektieren der Situation mit dem Ziel, die eigenen Ressourcen wie auch des Teams so schonend wie möglich einzusetzen. Der Philosoph G.C.Lichtenberg bringt auf den Punkt, was auch ein Anliegen der Kampfkunst ist: „Der Starke weiß mit seiner Kraft hauszuhalten. Nur der Schwache will über seine Kraft hinaus wirken."

Dabei sind die Lehren der Kampfkunst eben genau die Einladung, von erlebter oder empfundener Schwäche möglichst unbeeindruckt zu bleiben – sondern sich von der aktuellen Basis aus kontinuierlich zu entwickeln. Auf einem selbst gewählten und selbstbestimmten Weg, soweit das die Umstände ermöglichen. Chancen dafür zu suchen und zu sehen.

Wie deutlich sich doch dieses Bild vom tatsächlich erlebten Alltag in unseren Unternehmen differiert. Hektik ist auch eine Form des „sich Versteckens", eine unauffällige Art des Kollabierens vor der schieren Flut. Dabei wird – wie so oft – basale Psychologie des Führens vergessen: Mit Hektik vermitteln wir sofort und direkt **Statusverlust** an unsere Umgebung. Hektisch zeigen wir uns „kleiner" und hilfloser als wir vermutlich sind, und uns selbst sehen. Dieses Signal geben wir zwar ebenso oft wie wir es aussenden völlig unbewusst und unwillkürlich – das ändert überhaupt nichts daran, dass es die Umwelt, z. B. Ihr Team, deutlich wahrnimmt. Leader erleben wir eher gelassen, sie vermitteln ihrer Umgebung ein Signal von Ruhe und können zuhören. Welches Bild haben Sie intuitiv vom Meister in einer Kampfkunstschule? Vermutlich kommen Sie auf die gleichen Begriffe und somit auf eine echte Vorbildfunktion, die auch von Ihnen erwartet wird. Zu tun hat das mit einer Kernkompetenz, die Kampfkunst lehrt und Führungskräfte gut brauchen können: innere Ruhe als Basis für klare Gedanken.

Fazit

- Wie viel Hebelwirkung erleben Sie bei der Ausführung Ihrer Projekte/bei der Selektion Ihrer Prioritäten?
- Erleben Sie sich eher als Opfer der Umstände oder als Fels in der Brandung?

Wenn der Meister regiert, ist sich das Volk
kaum bewusst, dass es ihn gibt.
Der Zweitbeste ist ein Führer, den man liebt.
Der Nächste einer, vor dem man Angst hat.
Der Schlechteste ist einer, den man verachtet.

So beschreibt Laozi deutlich und vermutlich auch schon zu seiner Zeit provokativ, seine Wahrnehmung exzellenter Führung. Jedenfalls Präsenz und vermutlich natürliche Autorität, beides macht es der Führungskraft leichter ihrem Team eine gewisse Freiheit zu geben. Souveränität braucht dann nicht mehr als Seminar belegt werden, sondern ist inhärenter Anteil der Persönlichkeit. Worin äußert sich dieser scheinbar abgehobene Anspruch und wie lässt er sich erreichen?

Reflexion: Wenn Sie als Führungskraft sich für einige Tage im Ausland aufhalten – wie läuft die Arbeit in Ihrem Bereich weiter? Wie nehmen Sie aus der Ferne Ihr Team wahr? Je souveräner Ihre Leute **in Ihrem Sinne** wirken und je weniger Sie dazu gebraucht werden (erkennbar an der Menge von Mails/ Anrufen etc.), je weniger Sie nach der Rückkehr korrigieren müssen – je mehr Sie sich also verlassen dürfen und je mehr Sie vertrauen können – umso näher sind Sie dem Idealtypus aus o.g. Vers nach unserem Verständnis gekommen.

Ein anonymer Beobachter oder ein konkreter Kollege wird dann wenig Unterschied in Ihrem Bereich erleben, ob Sie an – oder abwesend sind. Ihre Crew vertraut Ihrer Führung – Sie Ihren Leuten ob deren Loyalität und Arbeitsqualität – das ergibt hohe Effektivität für alle Seiten und bestmöglichen Output. Deadlines verlieren ihren Schrecken, Fernreisen die hetzende Eile.

Wirken, statt Machen

Ein erfolgreicher Heerführer im Sinne SunTzu's ist jemand der – wenig spektakulär – einen scheinbar leichten Sieg erzielt. Eher besonnen und ressourcenschonend als heroisch unter Aufbietung aller Kräfte vorgeht und sich in jedem Fall sehr gut informiert hat. Zeit als Chance zum Nachdenken und Analysieren nützt, statt für Sachaufgaben. Eine erfolgreiche Führungskraft im Sinne von Laozi jemand, der mehr **wirkt und bewirkt**, als er macht. In einer westlichen Welt, in der Show und Selbstüberhöhung wichtig zu sein scheinen, vermutlich eine unbequeme Sichtweise. Und gerade deshalb vielleicht sehr aussichtsreich?

Wenn Sie beispielsweise den Dochang des bekannten Großmeisters Ko Eui Min in München betreten, werden Sie ein immer gleich vorbildliches Engagement der Anwesenden im Training erleben – ob der Meister das Training selbst leitet oder als Repräsentant des Weltverbandes bei einer Olympiade weilt. Es ist der Geist, den eine Führungskraft in ihrem Bereich ausstrahlt, der sie letztlich partiell entbehrlich macht. Sicher nicht dauerhaft, doch für eine gewisse Zeit und immer auch falls unvorhergesehene Ereignisse es nötig machen. So eine Führung verleiht ihrem Bereich Sicherheit und den Mitarbeitenden ein motivierendes Umfeld mit einer hohen Arbeitszufriedenheit. Innere Kündigung werden Sie in dieser Abteilung kaum finden – eher ein hohes Maß an Eigenmotivation, Selbstverantwortung und Zielerreichung.

Empowerment heißt daher in unserem Sinne: Ein Meister in der Führung empfindet es als eine seiner Kernaufgaben seine Mitarbeiter zu fördern und es gehört zu seinen größten Erfolgserlebnissen Wachstum bei seinem Team zu erleben. Ungehalten wird so eine Führungskraft vielleicht aus anderen Gründen – vom ehemaligen Direktor einer Universitätsabteilung in Heidelberg wird berichtet, dass er von seinen Mitarbeitern vor allem Eines verlangt hat: seine Entscheidungen und Erkenntnisse kritisch zu reflektieren. Zum Wohle des übergeordneten Ziels (der Organisation, der Wissenschaft) wollte er Querdenker und Innovatoren um sich wissen. So wird Entwicklung sichergestellt.

Den Horizont weiten

Jahrzehntelang wurden westliche Management-Methoden durch östliche Manager kopiert und kritiklos übernommen. Seit der Finanzkrise 2009 besinnen sie sich zunehmend auf eigene Stärken, und es wird Zeit sich im Westen zu fragen, was denn diese Stärken ausmacht und was davon unser Arsenal im Kampf um Märkte erweitern kann. Denn die nächste Generation asiatischer Führungskräfte verfügt bereits ganz selbstverständlich über das Wissen aus beiden Welten – wollen wir im Westen uns beschränken und an die Unangreifbarkeit unserer Modelle glauben? Es entspräche tatsächlich dem chinesischen Gedankengut, wenn wir uns im Westen – im Sinne des viel zitierten SunTzu – nicht verlassen, dass der Feind (Wettbewerb) nicht kommt, sondern unsere Stellung uneinnehmbar machen. Dazu gehört u.A. uns dessen Fähigkeiten und Potenziale zu Nutze zu machen. Hier einige Beispiele:

Beispiel 1

„Entweder Sie sind für mich, oder Sie sind gegen mich!" – das ist (westliche) Einschränkung. Work **oder** Life als Gegensatz – beides braucht dann wohl eine Balance. Die häufige westliche Einstellung des reinen schwarz-weiß Denkens wird durch das sog. Yin-Yang Symbol als Einschränkung erkennbar, denn dort trägt das weiße Feld schon einen schwarzen Punkt in sich und umgekehrt.

Konkret: Wie viel Ressourcenverschwendung erlaubt sich eine Organisation durch enges Entweder-oder-Denken?

Wie viel Theorie ist nötig um in einem Entwicklungsprojekt weiter zu kommen und wie wenig dürfen wir ausprobieren und testen? Denn was wir zu häufig erleben ist eine Selbst-Beschränkung, die sich in Angst vor Erneuerung und Querdenken äußert. Lieber verrennen wir uns in theorielastige Debatten, die dann reichlich Einwände von Besitzstandswahrern geradezu einladen, um in Meetings als Totengräber ungewöhnlicher neuer Ansätze aufzutrumpfen oder narzisstischen Selbstdarstellern einen weiten Raum geben. Schon oft wurde in Studien bewiesen, dass Meetings und Brainstormings mit mehr als 3–4 Teilnehmern Innovation eher behindern. Häufig entsteht ein starker Anpassungsdruck, ein Konsens muss her – alle möchten endlich nach Hause oder in den nächsten Termin. Neue Ideen die das Zeitkontingent sprengen könnten, werden schnell verworfen. Die Denker im Team erleben das als Stress und verstummen.

Beispiel 2

Das genannte Symbol symbolisiert auch den steten Wandel, dem Alles, selbstverständlich auch Wirtschaft und Markt unterworfen sind. Das allein führt die Beschränkung auf den binären Code von Ja/Nein schon ad absurdum, denn spätestens in der Rückschau werden Sie oft erkennt haben: Es hätte viele weitere Möglichkeiten gegeben, Zwischentöne wurden übersehen.

Japanische Ninja-Kämpfer werden darauf trainiert, dass Realität bestenfalls ein vorübergehendes Phänomen ist. Der Wandel ist die Normalität in dieser Welt.

Doch das innere Streben des Menschen beruht ein Stück weit auf dem Gegenteil: der ständigen Suche nach Konstanz, nach verlässlichen Rahmenbedingungen. Sozusagen eine Non-Change-World als unbewusste Sehnsucht, die Sicherheit vortäuscht. Sich den Wandel mehr als Normalität zu erlauben, besänftigt den unwillkürlichen Widerstand dagegen. Perfektionismus hat ebenfalls eine Tendenz zu Ergebnisverhinderung – weil im Wandel keine Perfektion erreichbar ist, sie wäre Stillstand. Evolution ist verschwenderisch, es wird „entschieden“ – versucht, verworfen, verbessert. **Situations-Potenzial** heißt das Zauberwort im Wandel und im stetigen Wettbewerb. Wo ist die Chance, die sich gerade jetzt aus dem Problem (der Situation) neu ergibt?

Langfristige Pläne können deshalb blockieren, wenn sie zu perfekt sind – „Wir schließen uns nicht in Pläne ein, die, im Voraus erstellt und rigide wie sie sind, bald überholt sind und die Fähigkeit blockieren, die stattfindende Veränderung zu integrieren." (François Jullien vor Managern über „Die Kunst des Krieges" von SunTzu)

Beispiel 3

Diese asiatische Denkart hat noch einen anderen Hintergrund: In Studien wurde erkannt, dass Asiaten anders beobachten. Beim gemeinsamen Betrachten von Szenarien wissen die westlichen Beobachter anschließend mehr Details zu berichten, die asiatischen dagegen haben das Große und Ganze – die Zusammenhänge – mehr wahrgenommen. Beides hat Vorteile, die sich ergänzen können. Entsprechend erleben Sie im Training der Kampfkunst auch beide Pole durch die Herausforderung mit einem weiten, wachen Blick mehreren Angreifern zu begegnen. Oder mit äußerster Konzentration und Präsenz nur den einen Gegner anzunehmen, mit dem Sie jetzt gerade trainieren.

Sowohl als auch ist also eine Erweiterung des Spektrums – um im Beispiel Work-Life-Balance zu bleiben: Arbeit ist sicher auch Leben und für viele Menschen, besonders Führende, bedeutender Fixpunkt für den empfundenen Lebenserfolg. Übertragen in die Organisation kann diese Freiheit beispielsweise bedeuten sowohl loyal zum Unternehmen als auch kritisch konstruktiv in der Sache. Die besten Entscheidungen für das Gesamtwohl entstehen meist aus einer offenen Kommunikation, deren Basis Respekt ist und deren gemeinsamer Fokus das höhere Ziel (der Unternehmenserfolg) darstellt. Wenn Alle im Meeting schnell einig sind, könnte das entsprechend tatsächlich ein Grund zum Misstrauen sein. Offene Diskussion mit Kontroversen schafft eine Vielfalt der Perspektiven. Das gleichzeitige Existieren von – oft nur scheinbar – gegensätzlichen Kräften ist in der östlichen Philosophie die Normalität.

Im Management kann das sehr gut bedeuten, die Ziele des Unternehmens auf den verschiedenen Ebenen stets im „weiten" Blick und auf einem möglichst klaren Weg verfolgen. Querdenken ist gleichzeitig erwünscht und Kämpfen – um die Sache – ist erlaubt, besonders dort wo es nötig wird die eigenen Anliegen intern oder im Wettbewerb sehr deutlich zu artikulieren. Ein altes chinesisches Sprichwort bietet Unterstützung: „Nur wer Widersprüche aushält, kann die Wahrheit erkennen".

- Erlauben Sie sich und Ihrem Team neue, ungewöhnliche Gedanken? Ist Hinterfragen erlaubt, sogar erwünscht?
- Kampfkunst kennt keine lineare Kausalität oder gut/böse und schwarz/weiß. Jede Situation bietet einen Strauß an Möglichkeiten – ein offener, weiter Blick bringt den Vorteil gegenüber dem engstirnigen Aggressor.
- Ein-Eindeutigkeit ist ein frommer Wunsch um Sicherheit vorzugaukeln, kaum etwas im Führungsalltag verläuft in geraden Bahnen. Je weiter Ihr Horizont wird, desto konsequenter können Sie flexibel (re)agieren.

Anregungen zum Transfer im Detail

Die Verbindung von Kampfkunst und Führungskunst wird seit Jahrhunderten gepflegt, die alten Meister der Kampfkunst galten in Asien immer schon als hoch angesehene und kompetente Ratgeber für die Herrschenden. Bücher und Seminare zu diesem Zusammenhang gibt es verstärkt seit der Ausbreitung der Kampfkünste im Westen nach dem zweiten Weltkrieg. Immer wieder erkannten trainierende oder lesende Chefs die Chancen für die Übertragung von Erfahrungen und Wissen in ihren Alltag.

Befragt nach den Möglichkeiten die Kampfkunst den Leitenden bieten kann werden in Seminaren bestimmte Begriffe verstärkt genannt, die sich in zwei Kategorien einteilen lassen:

Kategorie 1: Typische Nennungen[5] zur Lösung von Problemen

- Angst überwinden,
- Stress reduzieren oder weniger zulassen,
- Respektlosigkeit besser parieren,
- Umgang mit Selbstherrlichkeit/Narzissmus in Führungsetagen,
- Übergriffe vermeiden.

Kategorie 2: Genannt werden als Chancen z. B.

- Konsequentes Handeln,
- Selbstdisziplin,
- Grenzen setzen,
- Konfliktmanagement,

[5] ManagerSeminare/eigene Statistik.

- Mut,
- Respekt,
- Konzentration,
- Effizienz.

Besonders mit den Termini aus der zweiten Kategorie fühlt sich vermutlich jede Führungskraft im Westen genau beschrieben und sicher stellen diese Grundtugenden einer Führungskraft ein Sehnsuchtsziel für gelebtes Leadership dar. Sie entsprechen ebenso klar dem inhärenten Potential auf dem Weg zur Meisterschaft in der Kampfkunst, sie sind sogar unverzichtbar, denn sonst ist ein hohes Niveau unerreichbar. Somit ist die Nähe von gelebter Meisterschaft in der einen wie in der anderen Disziplin erneut plausibel.

Jahrhunderte an Erfahrung und gelebtes Wissen aus der Führungsschule der Kampfkunst übertragen wir in Kap. 6 in die Welt der Organisation, und bieten Ihnen exemplarische Anregungen für die Übertragung in Ihren Führungsalltag. Wir interessieren wir uns auch weiterhin für das neu entstandene Kraftzentrum das ein asiatisches Management darstellt, das mit wachsendem Selbstbewusstsein zunehmend aufhört westliche Konzepte zu kopieren und sich erlaubt von Konfuzius bis Harvard das Beste aus beiden Welten zu integrieren.

Abgrenzung: Wir beziehen uns auf historische Wurzeln von Führungsideen die zeitlose Bedeutung haben. Wir bewerten damit zu keiner Zeit aktuelles Führungsverhalten in Asien, das in seinem Umgang mit Mitarbeitern höchst umstritten ist.

3 Lead Limbic – Wesen und Charakter in der Führung

Wer qualifiziert führen will, muss sich mit dem Wesen des Menschen beschäftigen

Nur was ist das, das Wesen des Menschen? Sicher finden Sie dazu tausende schlauer Bücher, einen Fundus den wir hier nur ankratzen können. Trotzdem ist ein Buch über Führung und Selbstführung niemals vollständig, ohne eine kurze Reflexion zu Begriffen wie Persönlichkeit, Charakter etc. und deren Bezug zum Miteinander von Menschen in der Arbeitswelt. Wir starten mit einem vertrauten Bild.

Neue Aufgabe, neue Abteilung. Andere Menschen auf die Sie sich einstellen müssen – und die sich auf Sie einstellen müssen. Wechselseitig wird ab-gecheckt: Wie führt der/die Neue? Wie gut „funktionieren" die Mitarbeiter hier?

Sie kennen das Spiel aus Erfahrung, wir gehen es mit Ihnen unter o. g. Aspekt noch einmal beispielhaft durch.

Kulturelle und persönliche Hintergründe und Prägungen

Ihr Vorgänger übergibt Ihnen den Bereich u. a. mit Anmerkungen über Ihr künftiges Team. Ein Mitarbeiter, nennen wir ihn „Manfred", sei demnach ziemlich schwierig. Passt sich nicht an, hat oft etwas zu mäkeln, ist meistens dagegen. Wenig teamfähig.

Wie werden Sie Manfred begegnen? Wie frei und unabhängig kann Ihr Blick noch sein?

Lassen Sie uns den Vorgang zusammen analysieren. Beginnen wir, indem Sie den Raum betreten. Ihre Haltung, Ihre Mimik und Ihre Stimme rufen bei den Mitarbeitern bereits innere Reaktionen hervor. Bevor Sie wirklich gesprochen haben, wirken Sie vielsagend. Auf der Basis von individuellen Prägun-

J. Schanze, J. Schuster, *Der Weg zur Meisterschaft in der Führung*,
DOI 10.1007/978-3-658-04332-2_3, © Springer Fachmedien Wiesbaden 2014

gen und entsprechender Abgleiche mit vorhandenen, unbewussten Mustern bilden sich bei Ihrem neuen Team sofort Bewertungen. Acht Menschen, acht verschiedene Bilder. So unterschiedlich diese Bilder sein mögen, sie betreffen doch alle den einen, gleichen Menschen: Sie selbst. Und ihr eigenes Bild, das Sie intern von sich dabei haben, würde vermutlich eine weitere Variante hinzufügen. Bevor wir in der Abteilung direkten Kontakt aufnehmen, ein paar grundsätzliche Überlegungen.

Woher kommt Persönlichkeit?

Wenn ein Kind geboren wird, bietet sein Gehirn ein Überangebot an Möglichkeiten. Dabei geht die erste Stimulation schon pränatal **vom Körper** aus. Richtig gelesen: Das Gehirn entwickelt sich mit und durch den Körper – ein Umstand den wir in unserer Gesellschaft zu unserem eigenen Nachteil oft vergessen. Körper und Geist sind untrennbar Eines, darauf gehen wir noch ein.

Wo auch immer jemand das Licht der Welt erblickt: Immer wird sich sein Gehirn entsprechend den Umweltfaktoren anpassen, die für das Überleben wichtig erscheinen. Die jeweilige Sprache lernen und spezielle Fähigkeiten entwickeln. Im Amazonas-Gebiet z. B. Dutzende von Grüntönen und Pflanzen zu benennen, am Polarkreis die Texturen von Schnee und Eis zu unterscheiden – und in Frankfurt können lesen, schreiben, rechnen wichtige Faktoren sein.

Soweit zur Umwelt, die stärkste Prägung geht von Menschen aus, zu denen eine *emotionale Bindung* besteht. Bereits pränatal und dann besonders in den ersten Lebensmonaten entwickelt sich durch das Vorbild der Eltern das berühmte Kohärenz-Gefühl. Ein Grundtonus, ob wir diese Welt und ihre Aufgaben als eher schwierig und mühsam erleben oder optimistisch und als **zu bewältigen**. Je früher Prägung stattfindet, desto tiefer verwurzelt sind diese Eindrücke. Die Tiefe der Prägung hat mit der Bedeutung zu tun, die wir einer Angelegenheit beimessen. Und zwar emotional, denn wir leben als Kinder und Jugendliche noch nicht in einer rationalen Verstandeswelt. Diesem Trugschluss erliegen wir erst in späteren Jahren, je nachdem wie sehr wir uns Gefühle erlauben oder glauben ganz vom Verstand kontrolliert sein zu **müssen**.

Kurz: Das Gehirn entwickelt sich so, wie es seine Umwelt emotional erlebt. Denn erst Emotionen schütten neuro-plastische Botenstoffe aus, den Hirn-Dünger. Hüther spricht gerne von der Entwicklung des Gehirns durch das, was es begeistert erlebt. Dem müssen wir – leider – hinzufügen, dass auch und gerade negative Emotionen/Erlebnisse starke Prägung hinterlassen. Ganz einfach deswegen, damit wir künftig eine bedrohliche Situation schneller wieder erkennen und die damals schon gefundene Lösung sofort zum Zweck des Überlebens abrufen können. Belastende Erlebnisse prägen entsprechend stärker als erfreuliche. Wiederkehrende Belastungen (Beispielsweise ein unter Alkohol gewalttätiger Vater) prägen sich entsprechend tief ein und beeinflussen mehr oder minder das ganze Leben.

Und Prägung durch die Umgebung geht lebenslang weiter – wir sind Anpassungswesen, das verbessert in einer unberechenbaren Natur die Chancen. Übersetzt bedeutet es auch: Die Organisation, für die Sie arbeiten, arbeitet auch **an Ihnen**. Prägung heißt auf Altgriechisch „Charakter".

Werden Sie Charakter-los

Die gute Nachricht: Zeitlebens sind neuronale Verschaltungsmuster an neue Nutzungsbedingungen anpassbar. Diese Information der jüngeren Zeit stellt die früheren Annahmen genetischer Determination auf den Kopf. Und gibt uns Freiheit zu wählen und einer Disziplin wie Coaching überhaupt erst Sinn. „Ich bin nun mal so!" ist damit widerlegt, schlimmstenfalls kommt ein Optimierungswahn wenn das Pendel zu stark ausschlägt. Wer mit seinem Leben gut zurechtkommt, kann es bitte einfach dabei belassen. Wer jedoch immer wieder in bestimmte unbekömmliche Muster tappt, kann sich hinterfragen und nach Bedarf reagieren. Und zwar ohne sein Leben und seine Kindheit neu aufzurollen (wie früher in der Therapie gepflegt) sondern durch einen Abgleich von stärkenden und schwächenden Mustern.

Zurück zu Ihrer Situation in der neuen Aufgabe und dem Betreten der Abteilung. Prägung ist durch wiederkehrende Muster entstanden und bestimmt damit auch unsere künftigen Erwartungen. „Ein Mensch nimmt nie alles wahr, was ihm angeboten wird, sondern nur das, was irgendwie zu seinen Vorstellungen und Erwartungen passt. Also auf Basis seiner bisher gemachten Erfahrungen sinnvoll erscheint." (Hüther)

Ihr neues Team sieht in Ihnen also weniger die Chance ein völlig neues, unbekanntes Individuum kennen zu lernen, sondern sucht unbewusst nach bekannten Mustern. Und umgekehrt. Manfred ist schwierig? Sie werden unreflektiert sofort das Schwierige bei Manfred suchen, und dann wahrscheinlich auch finden. Schublade auf, Mensch rein, fertig.

Und Sie hätten auch die Möglichkeit sich unabhängig von anderen Meinungen möglichst offen ein eigenes Bild zu formen. Der Mediziner und Coach G. Schmidt hat es so treffend formuliert: „Nicht der Reiz von außen bestimmt das Erleben, sondern immer die autonome Selbstorganisation des erlebenden Beobachters". Kurz: **Sie interpretieren sich Ihre Welt selbst zusammen**. Auf Basis Ihrer bisherigen Lebensreise und Ihrer unbewussten, individuellen Bewertungsmaßstäbe.

Diese Maßstäbe zu weiten, den Horizont zu öffnen, den Mitmenschen mehr Eigenständigkeit zuzubilligen und die bequemen Schubladen geschlossen zu halten – das lohnt immer. Es lohnt besonders auch in der Selbst-Reflexion und – Beobachtung. Erleben Sie sich bei genauerer Betrachtung geradezu gefangen in einem geprägten Verhalten (z. B. Perfektionismus, Leistungsdogma, Mangel an Selbstwert u. a. sogenannte Glaubenssätze), das Sie als schwächend oder belastend erleben, wissen Sie spätestens jetzt um die klare Chance der Entwicklung.

Manfred ist schwierig und unkooperativ? Mit einem offeneren Blick entdecken Sie in Manfreds Eigenständigkeit vielleicht Talente die bisher brachliegen. Erleben einen Mitarbeiter, der unter Ihrer Führung aufblüht, einen wertvollen Beitrag leistet und über dessen Loyalität Sie nie wieder nachdenken müssen. Die bekannte Grundregel, dass Gespräche über Zielvereinbarung mit den Mitarbeitenden in hohem Maße deren **Entwicklungszielen** dienen sollen, erhält auch dadurch einen Sinn.

Der „Halo-Effekt" – das (vor)schnelle Urteil

Nobelpreisträger D. Kahneman unterscheidet im Gehirn des Menschen vereinfacht zwischen:

- System 1 (Das „limbische System", archaisch, emotional, Biorhythmus, Überleben/Gegenwart) und
- System 2 („Präfrontaler Cortex", Verstand, abwägen, planen, Aufgaben lösen, Entscheiden/Zukunft).

Wir verkürzen die umfangreiche Forschung für den Zweck. Interessierten Lesern empfehlen wir die für **Menschen mit Verantwortung für Menschen** im besten Sinne des Wortes sehr wertvolle Lektüre von Hüther, Kahneman, Damasio et al.

Mit dem von ihm so genannten Halo-Effekt unterliegen wir einem uralten Prinzip zur schnellen Freund/Feind- Unterscheidung, wie das in einer Welt vor unserer Zeit vermutlich lebenswichtig war. Wir interpretieren vom Kleinen auf das Ganze, beispielsweise trauen wir jemanden, der eine gute Präsentation vorgetragen hat, auch in anderen Bereichen Kompetenz zu. Gutaussehende Menschen sind fähig, Übergewichtige sind träge, MBAs können führen, könnten solche schnellen Schlüsse sein, die Ihnen schon begegnet sind. Und als völlig falsch könnten sich bei näherer Betrachtung die genannten Vorurteile im Einzelfall heraus stellen. Vielleicht übergeben Sie dem erwähnten Mitarbeiter, der toll präsentieren kann, die Verantwortung für ein anspruchsvolles Projekt. So etwas kann sich entsprechend als Fehlgriff erweisen, denn Power-Point beherrschen und bunte Bildchen nett über den Beamer flimmern lassen macht noch lange keinen Manager. Das ist eigentlich klar, doch wir interpretieren täglich mit großem Automatismus und glauben dann zu wissen, was mit dem anderen los ist. Oft auf einem sehr schmalen Grat kurzer Eindrücke. „What we see, is all there is", betont Kahneman das Prinzip. Wir nehmen wenig wahr und glauben schon, es wäre das Ganze. G. Schmidt vermerkt dazu: „Wir können niemals wissen, was mit einem anderen Menschen wirklich ist – wir können lediglich feststellen, wie er sich in einem gewissen Kontext *zeigt*". Bemerkenswert dazu, dass wir dieses „sich zeigen" eines Menschen allein durch unsere Anwesenheit und unser Verhalten schon wieder kontextuell beeinflussen.

Und jetzt landen wir endlich bei der großen Chance die aktuelle Gehirnforschung Führungskräften bietet.

Die Chance zur „Gehirngerechten Führung"

Wir unterliegen im Allgemeinen einer ziemlichen Fehleinschätzung unserer eigenen Außenwirkung, weshalb u. a. viele Organisationen das 360° Feedback eingeführt haben. „We are blind to our blindness" stellt Kahneman im größeren Zusammenhang mit unseren blinden Flecken fest.

Da Kommunikation in erster Linie Interaktion von System 1 zu System 1 ist – also fast ausschließlich emotional – haben wir eine enorme Möglichkeit uns selbst und das ganze Miteinander **zum Besten** zu beeinflussen.

- Kein Mensch gleicht dem anderen, also auch kein Gehirn dem anderen.

Das „Unbewusste“ ist jederzeit stärker, schneller, dominanter – dagegen anzugehen und ein reiner „Verstandesmensch“ zu werden, nicht mehr als ein netter Versuch. Das limbische System 1 ist in der Welt des Business durch den Bestseller „Think Limbic“ längst offiziell angekommen und kann – einmal verstanden – vielfältig genützt werden. Nicht nur wie im erwähnten Buch für Verkauf und Marketing. System 1 hat u. a. das Bestreben Mitmenschen zu erfühlen, zu erfassen und empfindet sie sympathisch – oder nicht. P. Watzlawik formulierte den legendären Satz „Sie können nicht **nicht** kommunizieren“, weil jede Regung Ihres Körpers bereits von Ihrer Umwelt als Kommunikation gewertet wird. Ihr Schweigen genauso wie Ihr Stimmlage, Ihre Körperhaltung, Ihre Mimik – alles eben, so lange andere Menschen im Raum sind und Sie wahrnehmen. Also können Sie auch nicht **nicht** führen, so lange Ihre Mitarbeitenden Ihre bewussten und unbewussten Signale auffangen. Und beispielsweise versuchen, Ihre Stimmung zu erkennen, bevor jemand aus dem Team mit einem Wunsch, einer Frage o. ä. auf Sie zukommt. Der Inhalt Ihrer verbalen Kommunikation kommt nur noch obenauf und deckt sich idealerweise mit den anderen Eindrücken die Sie vermitteln. Dann entsteht der Eindruck von Authentizität.

► Vervollkommne deine Persönlichkeit (Karate-Regel)

Unter den gerade geschilderten Erkenntnissen bekommen Vorbildfunktion und Stimmigkeit von Ankündigung und Tat eine Dimension die Ihnen u. U. bisher nicht bewusst war.

„Manfred“ und andere im Team werden jederzeit, besonders in als anspruchsvoll empfundenen Situationen, intensiv auf das Bild schauen, das Sie abgeben. Erlebt Ihr Team sie als einigermaßen gelassen und fokussiert, bieten Sie Orientierung und ein Signal von Konzentration auf die Aufgabe. Selbstführung wird zum Ass im Ärmel je komplexer die zu bewältigende Situation ist. Wohlgemerkt und immer wieder in diesem Werk betont: Ändern können Sie niemals Ihre Mitmenschen – Sie können sich selbst entwickeln und nach Bedarf Ihre Haltung **zu** und Ihren Umgang **mit** den anderen einer Überprüfung unterziehen und Veränderung anstoßen.

Harmonie kann niemals entstehen, weil sie verordnet wird. Harmonie entsteht, weil Menschen gerne zusammenarbeiten. Das ist umso leichter, je mehr Sie den Einzelnen in seiner Individualität belassen, logischerweise mit einem geregelten Rahmen der den Beteiligten gerecht wird soweit eben möglich. Zum Beispiel über Werte, wie sie heute in vielen Unternehmen neu definiert werden – und über gemeinsame Ziele.

Das Wofür (Sinn) oder das Wozu (Zweck)

Limbische Führung nimmt Fahrt auf durch Sinnhaftigkeit. Bereits als Kleinkind fragen wir den Eltern Löcher in den Bauch – wir wollen Zusammenhänge erkennen. Menschen der Urzeit, die noch keine physikalischen Erkenntnisse zur Verfügung hatten, befriedigten für sich die Unfassbarkeit eines Blitzes durch Zuschreibung zu höhere Wesen. Wohin Sie schauen, finden Sie die gleichen menschlichen Grundmuster. Sie selbst arbeiten vermutlich effektiver, wenn Sie das Ziel vor Augen haben und einen Weg dorthin definieren können. Nehmen Sie Ihr Team einfach mit – ein gemeinsames Ziel, ein gemeinsames „Wofür", Sinn in der eigenen Arbeit sorgt für eine gute Atmosphäre in System 1 und dafür, dass das zur Arbeitsbewältigung bedeutsamere System 2 im Gehirn seinen Job machen kann.

(Bei Druck und Unverständnis beansprucht System 1 enorme Kapazität und geht immer mehr in Führung je schwieriger die Situation erscheint. Es soll schließlich das Überleben sichern/→ Stress).

Was tun unter diesem Aspekt, wenn eine Situation außer Kontrolle gerät, Stress und Druck die informelle Führung übernehmen? Transparenz hilft, Offenheit wird unabdingbar, denn Schönreden und Rechtfertigung erscheinen immer schwächlich. Auch Rituale sind hilfreich – ein gescheiteres Projekt (noch lieber ein gelungenes) kann mit einem gemeinsamen Essen abgeschlossen werden. Auch im einkassierten Projekt kann noch etwas gut gelaufen sein, das für die Zukunft modellhaft übernommen werden kann. Kommunizieren Sie niemals feige um den heißen Brei herum. Der Mut, den Offenheit manchmal braucht macht Sie in den Augen Ihres Teams sympathisch, glaubwürdig, verlässlich.

Machen Sie Ihren Mitarbeitern besonders in schwierigen Situationen klar – es geht nicht um mich, es geht nicht um Ego-Trips. Es geht um das übergeordnete Ganze, den Markt, die Kunden o. ä. und dazu *brauche ich euch*! Ohne hervorragende Mitarbeiter geht es nicht! So oder ähnlich, nämlich **passend** *zu Ihnen* könnten Sie Motivation um ein Ziel herum entstehen lassen und ein gemeinsames „Wozu" schaffen. Viele hoch individuelle Gehirne feuern dann gemeinsam und erleben sich tatsächlich als Teammitglieder.

Das über Manfred Gesagte verhält sich im Außenkontakt des Unternehmens nicht anders. Kunde X ist kompliziert und unangenehm, hören Sie vielleicht regelmäßig. Das ist zuerst auch nur eine willkürliche Interpretation – Ihr Kollege aus einem Wettbewerbsunternehmen unterhält vermutlich eine reibungslose und lukrative Geschäftsbeziehung mit X. Vielleicht fühlen Sie sich eingeladen unter dem Aspekt des zuvor Gelesenen sowohl Ihre Innenbeziehungen zu Mitarbeitern, Kollegen und Vorgesetzten als auch Ihre Außenbeziehungen zu Lieferanten und Kunden einer ergebnisoffenen Neubewertung zu unterziehen?

Fazit

- Je mehr Schattierungen Sie bei sich selbst wahrnehmen, desto besser sind Sie in der Lage sich in andere Menschen hinein zu versetzen. Die Fähigkeit „To put yourself in the other one's shoes" ist eine zu seltene Führungsqualität.
- Sie führen **immer**, selbst wenn Sie schweigend im Büro sitzen, kommunizieren Sie.

Fazit „Gehirngerechte Führung"/Lead Limbic

Zahlen und Logik – rein sachliche Argumentation, die sich an den Verstand richtet – ist eine Basis von Management. So verstehen wir es allgemein und versuchen uns täglich an der Umsetzung. Genau dieser Alltag ist jedoch voll von Beispielen die deutlich werden lassen, dass die Ausschließlichkeit von Logik und Zahlen erkennbar nicht funktioniert. Vom Unverständnis über Fehlentscheidungen in jeder Größenordnung (Daimler-Chrysler/BMW-Rover/Porsche-VW etc.), bis zu kleinen Missverständnissen im Kollegengespräch erleben wir eine durch und durch unlogische, emotional geprägte Umwelt.

Unser Wunschdenken, Mitmenschen auf den Verstand zu reduzieren erscheint sogar geradezu naiv, und es bräuchte nicht erst die Neurobiologie, um uns das endlich zu beweisen. Allzu viele emotionale Zustände erleben und erleiden wir regelmäßig im Umgang mit Kunden, Kollegen und Mitarbeitern; und allzu oft haben wir uns schon sagen hören: „Das habe ich doch ganz anders gemeint" – wenn wir wieder einmal erleben, dass unser Gesprächspartner ein scheinbar sachlich-logisches Argument durch emotionale Interpretation in eine nicht gewünschte Richtung umleitet.

Emotionale Führungsaspekte gehören deshalb völlig selbstverständlich in das Repertoire eines Managers, egal wie numerisch groß oder klein sein Team sein mag. Die Leugnung jeder Menschlichkeit ist in sich bereits wieder zutiefst menschlich – beweist sie doch die Bequemlichkeit vieler Führungskräfte, sich den Ansprüchen echter Führungsaufgaben zu verweigern.

Sprechen wir also im Team nur den Verstand an (Beispiel Sachebene: „Erledige die Aufgabe, weil sie ansteht" oder hierarchisch „Du brauchst das Gehalt, deswegen folge den Anweisungen"), erreichen wir Menschen nur partiell und überlassen das gewaltige Potenzial identifizierter und motivierter Mitarbeiter dem Zufall. Höchstwahrscheinlich tauchen solche Mitarbeiter im Engagement-Index weiter unten auf.

Den Emotionen der Mitarbeiter etwas anzubieten und mit den täglichen Aufgaben zu verknüpfen ist die enorme Chance, den ganzen Menschen mitzunehmen. Als Führungskraft bedeutend ist jedenfalls, sich zu jeder Zeit und in jeder Art von Kommunikation der emotionalen Auswirkungen klar zu sein. Das limbische System des Menschen ist nicht nur Basis der Gefühle, sondern *bewertet* ununterbrochen alle Umwelteinflüsse – besonders intensiv diejenigen, die von Vorgesetzten kommen.

Und gerade deswegen können Sie gezielt die Chancen nutzen sich selbst zu beobachten und zu führen – was strahlen Sie aus, wenn Sie kommunizieren?

Wie vermitteln Sie die Aufgaben, wie weisen Sie Ihr Team an?

Wie reagieren Sie auf Fragen?

Und wie reagiert Ihr Team auf Sie?

Wie wäre der Engagement-Index in Ihrer Abteilung?

Kompakt: Welche Emotionen rufen Sie im Allgemeinen bei Ihren Mitarbeitern hervor und entsprechen diese Ihren Wünschen und Vorstellungen?

Das Umstand, dass wir in der Ausbildung auf diesen Aspekt wenig vorbereitet werden greift als Ausrede zu kurz. Die Chancen sind groß, das Wissen nimmt täglich zu und Neurobiologen liefern leicht verstehbare Erklärungen und umsetzbare Lösungen als *Einstieg*. Gerald Hüther, Manfred Spitzer u. a. wenden sich immer wieder an die Wirtschaft – je mehr Menschen sich unwohl fühlen am Arbeitsplatz, umso wertvoller sind diese Anregungen, um Menschen besser zu verstehen und für ein menschengerechtes Arbeitsumfeld zu sorgen. Und dadurch ganz legitim letztlich mehr Rendite durch die kreativen Potenziale zufriedener Mitarbeiter aller Ebenen zu erzielen.

Selbstführung 1 – Wer bin ich? „Know thyself"

Zur reflektierten Betrachtung der eigenen Persönlichkeit bleibt uns der Blick auf die Welt in der wir leben mit ihrer „Prägungsmacht" auf unser Gehirn nicht erspart. Wir erlauben uns einen kurzen Blick auf eine konkrete Entgleisungen der Leistungsgesellschaft – die stromlinienförmige Optimierung des

Individuums. In sich ein Widerspruch, deswegen beziehen wir nachfolgend klar Stellung.

Selbst-Entwicklung vs. Selbst-Optimierung

> Beginnen muss man bei sich selbst. Wer sich nicht selbst führen kann, wird niemals andere führen können. (Fredmund Malik)

Um im System mitzuhalten, werden erkennbar viele von uns zu Experten der Selbst-Unterdrückung, der optischen Glättung und zu Fachkräften in der Aufrechterhaltung des schönen Scheins. Wie an anderer Stelle ausgeführt, kostet dieser Anpassungsprozess sehr viel Kraft, die uns überall fehlt. Sie fehlt uns beim „Outperformen" im Beruf, so dass wir oft genug nur mit extensiver Anstrengung unserem Anspruch und dem unseres Arbeitgebers gerecht werden können. Sie fehlt uns ganz besonders, wenn es darum geht uns selbst, wahrzunehmen – den Mut zu haben zu uns selbst zu stehen, uns selbst zuzuhören und für uns selbst *einzustehen*.

Auf diese Weise bleiben viele Emotionen, darunter besonders die gesellschaftlich als „unpassend" erachteten wie Wut, Zorn, Aggression etc. nicht nur unbeachtet, sie werden aktiv unterdrückt. „So etwas darf *man* nicht empfinden", beschneiden wir uns selbst die Freiheit emotionalen Reichtums und ernten – Selbstverstümmelung. Denn die Wirkung der Ausgrenzung von Persönlichkeits-Anteilen ist tatsächlich meistens eine Zunahme von Stress-Symptomen wie Schmerzen, Verspannung, vor allem einer latenten Unzufriedenheit.

Wichtig ist in diesem Zusammenhang eine Erkenntnis, die Maja Storch prägnant auf den Punkt bringt: „*Identität wird gefühlt, nicht gedacht.*"

Wir plädieren selbstredend keineswegs für mehr Aggression im Alltag. Sondern wahrzunehmen, dass uns diese „negativen" Gefühlszustände vor der Verbiegung und Selbstausbeutung warnen, sie entspringen dem ganz natürlichen Bedürfnis von *Selbstbehauptung* und Selbstschutz. Wer die Fähigkeit zu starken, echten Gefühlen leugnet, verschenkt auf der anderen Seite der Waage auch die Kompetenz ehrlicher Freude und Zufriedenheit. Wir vermuten einfach, dass viele Leistungsträger so fixiert sind auf die Bilder, die sie abgeben wollen, dass die meisten sich ein erhobenes Haupt und das Einstehen für sich selbst kaum noch erlauben.

Persönliche Entwicklung in eine selbstgewählte, in ehrlicher Reflexion richtig erkannte Richtung sollte unseres Erachtens die Anpassung an das System ersetzen.

Diese Führungswelt braucht Individuen! *Selbstrespekt* fordert geradezu zwingend, die eigene innere Welt kennen zu lernen und sich von Fremdbildern zu befreien. *Selbstachtung* erlaubt uns, diese Welt zu schützen.

Die Lösung ist also einfach – so wie viele grundlegende Gedanken einfach sind. Den gesellschaftlichen Wahn der Selbstoptimierung für sich selbst kritisch hinterfragen (Sei normal, aber sei etwas Besonderes!) hat viel mit Mündigkeit zu tun.

Mehr sich selbst zu leben, als sich von Anderen oder den Umständen leben zu lassen setzt Kräfte frei, die Sie in Gelassenheit investieren können. Ihre erste Erfahrung jedoch kann Erschrecken sein – darüber wie Sie sich ggf. bisher verbogen und den Umständen angepasst haben. In vielen Gesprächen haben wir von dieser Empfindung gehört.

Gewisse Kompromisse sind selbstverständlich, wo Menschen zusammen leben, arbeiten und miteinander auskommen müssen. Es geht um die Freiwilligkeit auf der Basis eines natürlichen Stolzes und der Mündigkeit eines selbstbestimmten Individuums.

Es stellt noch lange keinen Narzissmus dar, sich selbst auf natürliche und bekömmliche Art in den Mittelpunkt der eigenen Wahrnehmung zu stellen. Offene *Selbstbeziehung* ist der Königsweg zu einer Führungspersönlichkeit, auf den wir auf den nächsten Seiten und in Kap. 5 eingehen werden.

Exploration des Selbst

Erkenne zuerst dich selbst, dann den anderen. (Gishin Funakoshi, Karate-Meister)

Warum ist es nur so verdammt schwer – sich selbst zu erkennen. „Objektiv“ selbstverständlich.... Das hat natürlich mit einem langen Lebensweg zu tun, egal ob jemand 35 oder 64 Jahre unterwegs ist. Reichlich Zeit für Entwicklung von Persönlichkeit und charakterlicher Prägung ist es, wie beschrieben, allemal.

Immer wieder bieten wir Ihnen in diesem Buch die Kampfkunst als Bild an, auch und gerade in diesem Kontext. Denn sie ist in höchstem Maße individuell. Sind die Grundlagen reichlich trainiert und **verstanden** (entsprechend Bachelor/MBA etc.) treten Vorlieben und Talente, im besten Fall Persönlichkeit hervor. Der Weg wird individuell. Führungskräfte haben entsprechend ihrer Neigung vielfältige Angebote, ihren Bereich zu wählen oder als Generalist offen zu bleiben.

Individuell sind wir jedenfalls, und stolz darauf. Nur worauf überhaupt – wie gut kennen Sie sich? Unser Lebensweg hat uns mit einem breiten Angebot an Rollen ausgestattet, die wir meist unwillkürlich und situativ abrufen. Als ewiges Kind unserer Eltern, selbst als Elternteil für den eigenen Nachwuchs, als Bruder oder Schwester, Vorgesetzte(r) oder MitarbeiterIn, Kollege etc. Wir entscheiden zu jeder Minute, welchen Ich-Zustand wir gerade abrufen und situativ nutzen. Meist völlig unbewusst und daher kommen wir damit schon mal durcheinander und verwechseln einen Vorgesetzten mit dem Vaterbild – zumindest im intuitiven Verhalten, das wir an den Tag legen.

Dabei haben wir willentlich „gegen" unser Unbewusstes keine Chance – wie schon betont, es ist schneller und sehr viel stärker als der Verstand. Entwicklungsgeschichtlich älter hat es über Millionen von Jahren trainiert in fordernden Situationen die Leitung zu übernehmen und das Überleben zu sichern. Seien Sie deshalb gnädig mit sich, wenn Sie in einer Situation das Gefühl haben neben sich zu stehen. Was wir zu jeder Zeit bewusst trainieren **können**, ist es, diese unbewussten Reflexe immer schneller zu erkennen und unser bewusstes Repertoire zu erweitern.

Es geht ganz basal um **Kontakt** zu sich selbst. Dazu zwei Bilder für den Selbsttest:

Bild 1

Wer wären Sie im Kampf? Das ist sicher gut vorstellbar. Wer sind Sie, wenn Ihre Visitenkarte niemanden beeindruckt, die Anzahl der Mitarbeiter, die Ihnen berichtet, unerwähnt bleibt und Ihr gesamtes Jahres-brutto incl. Boni die Faust eines Angreifers nicht stoppt? Gelassen, zurückhaltend und auf einen Konter aus? Oder plötzlich unsicher, ängstlich, vielleicht mit rasenden Gedanken, die nicht mehr klar zu fassen sind? Oder Fäuste hoch und drauf los? Viele weitere Möglichkeiten existieren, gehen Sie innerlich frei in den imaginativen Ring und explorieren Sie Ihre Gefühle.

Bild 2

Wer sind Sie im Gespräch mit einem Bewerber? Vor Ihnen sitzen kompetente Menschen, manche eher von ruhiger Art, andere blendende Verkäufer in eigener Sache, viele sehr qualifiziert, andere mit Brüchen im Lebenslauf – es ist zweifelsohne eine der herausfordernden Aufgaben in Ihrem Beruf jetzt den/die richtige zu finden. Und eine der besonders lohnenden, wenn Sie ein „Händchen" haben.

Konkret also: Wen haben Sie zuletzt eingestellt? Womit sind Sie in Resonanz gegangen? Daraus können Sie mehr über sich erfahren als durch die gängigen Persönlichkeitstests, die man Ihnen so gerne gegen gutes Geld anbietet.

Beispiel „fremde Götter"

Stellen Sie die Besten an für Ihr Team, auch wenn diese Ihnen fachlich in verschiedenen Bereichen erkennbar überlegen sind? Können Sie aushalten, dass jemand (viel) mehr weiß? Mehr Erfahrung hat, falls Sie vergleichsweise jung sind oder neu in der Position?

Sandrine Piret-Gerard, Vorstand bei Hexal benennt Ihr Erfolgsrezept. Sie stellt grundsätzlich nur Leute ein, die fachlich besser sind als sie. „Meine Mitarbeiter sollen wissen, dass sie die Experten sind und ich nur die Dirigentin des Orchesters." 1 Ein schönes Bild – der Dirigent braucht nicht der beste Geiger oder Pianist sein. So ein Vorgehen braucht Selbstvertrauen und erscheint uns als ein gelungenes Beispiel für jemand der seinen Weg vermutlich gefunden hat.1 (Wirtschaftswoche)

Dabei hilft uns der Abgleich mit unserem internen Rollenverständnis, eine Idee wie wir wirken (wollen). **Beispiel:** Welche Ziele erkennen Sie für sich in dieser ehrlichen Reflexion – und worum geht es im Unternehmen? Erkennen Sie Divergenz oder Konsistenz? Das mag abstrakt klingen und ist doch ganz real durch Mengenlehre zu bewältigen. Legen Sie die Schnittmengen übereinander. Ihre Karrierewünsche (beispielsweise) und die vom Unternehmen in Ihrem Bereich verlangte Kundenorientierung können perfekt harmonieren. Das ist vielleicht genau Ihr Ding und vermutlich lieben Sie dann Ihren Beruf.

Und es könnte Ergebnis Ihrer Selbstbeobachtung sein, dass Sie sich vor allem in internen Wettbewerb erleben, in Konfrontation zu Kollegen, im Wunsch von den Mitarbeitern gemocht zu werden, Anerkennung von Vorgesetzten zu erlangen. Kurz gesagt, dass Sie sich stark über die Resonanz Ihres Umfelds definieren, weniger über das Wohl der Organisation – geschweige denn durch eine klaren inneren Weg für sich selbst. Kann sein, und hoffentlich ist es ganz anders. Erstrebenswert ist so ein Abgleich jedoch immer wieder, denn nichts setzt mehr Energie frei als eine weitgehende Kongruenz zwischen Ihrem Wollen und ihrem Tun.

Zurück zum Eigenbild: Sehen Sie sich innerlich eher als Hardliner (m/w) oder team-orientiert, harmoniebedacht oder durchsetzungsfähig? Also fixiert in einer Rolle?

Sie ahnen schon, das alles schließt sich in Wahrheit nicht wirklich aus. Wir denken gerne eindimensional, doch weder die „Wirklichkeit" noch der einzelne Mensch besteht aus linear-kausalen Zusammenhängen. Wir plädieren immer wieder das „Sowohl-als-auch" zu prüfen und zahllose Zwischentöne zuzulassen. Hart in der Verhandlung im Außen und verständnisvoll bei den Mitarbeitern, das geht. Bei den erwähnten, wohlfeilen Persönlichkeitstests, die Unternehmen fordern und Führungskräfte nur zu gerne annehmen, erleben wir regelmäßig Déjà-vues. Teilnehmer fühlen sich selbst gut getroffen, erkennen sich wieder und erklären sogleich, die Ergebnisse künftig stärker zu berücksichtigen. Fast nie Widerstand, Zweifel. Finden sie nur die Rolle bestätigt, die sie spielen? Erleben sie ihre Erwartungen an sich selbst bestätigt? Abgehakt und weiter? Ich bin nun mal so, schön dass der Test mir das wieder zubilligt?

Fast ernst gemeinter Selbsttest: Wer meint, er sei sehr klar in seiner Rolle, eine stabile, authentische Persönlichkeit, dem möchten wir empfehlen, über das nächst erreichbare Wochenende zu seinen Eltern zu fahren. Und sich selbst dort wohlwollend und ungezwungen zu beobachten. Auch gestandene Führungskräfte machen dabei immer wieder interessante Erfahrungen.

► Erhoffst du Erfüllung von anderen, wirst du nie wahre Fülle erlangen (Laozi)

Qui bono (wem nützt es?). Eine hilfreiche Frage in vielen Situationen beruflicher Aufgabenstellungen. Sie hilft uns immer wieder zu erkennen, zumindest zu erahnen, was wirklich hinter einem Projekt, einer Akquise, einer Umstrukturierung etc. steckt. Sie können sich diese Frage auch selbst stellen, wenn Sie Ihren eigenen inneren Stimmen lauschen. Wem will ich mit dem was ich tue, mit der Art wie ich führe, gefallen?

Egal was Sie sich darunter vorstellen, es ist für Ihren Weg zur meisterhaften Führung unerlässlich sich klar zu werden, **wen** Sie momentan bei Ihren Entscheidungen innerlich bedienen wollen. Dienen Sie eher dem Renditeziel des Unternehmens, versuchen Sie mehr Ihrem Vorgesetzten zu imponieren, Ihr Team als Hausmacht hinter sich zu scharen oder geht es einfach um Karriere? Die schon erwähnten Bilder im Hirn zeigen es Ihnen – wen sehen Sie geistig, wenn Sie eine Entscheidung gefällt haben, eine Präsentation vorbereiten? Und in welcher Haltung sehen Sie sich selbst, wenn Ihr Vortrag im Meeting zu Ende ist? Wer **soll** applaudieren?

Viel im menschlichen Verhalten hat letztlich mit biologischem Wert zu tun – Überleben, Fortpflanzen etc. Viel in unserer Arbeit hat mit der **Erwartung** von Anerkennung zu tun, auch das ist ein biologischer Wert auf einer höheren Stufe der Bedürfnispyramide. Und hier wird es spannend: Viel Frustration hat mit dem Ausbleiben des Erwarteten zu tun. Vom Partner genauso wie vom Chef. Die Psychologie nennt diese Art von Erwartungshaltung dann auch eine „Dysfunktionale Beziehungsgestaltung" – den die Chance auf Ent-Täuschung ist enorm. Meistens deshalb, weil die so Bedachten keine Ahnung von den an sie gerichteten Ansprüchen haben und somit außer Stande sind die Hoffnungen zu erfüllen. Linear-kausal logisch, führt es doch zu Verwerfungen in den Beziehungen, unerwiderte Beachtung wird oft mit Ablehnung verwechselt. „Der muss das doch sehen, wie ich mich reinhänge" – nein, muss er nicht.

Qui bono? Entsprechend wertvoll ist es, sich klar zu werden, was Ihre Beweggründe für Entscheidungen sind. Erwartungen an Mitarbeiter, Vorgesetzte und Kollegen, die Sie vielleicht mit sich herumtragen, in die Toilette zu spülen und schlichtweg Ihre Wünsche und Forderungen klar und deutlich zu artikulieren. Das ist Transparenz die Energien freisetzt und allen gut tut. Und Ihren Mitarbeitern Angebote zu machen, sich ebenso offen mitzuteilen und Ihnen ein Bild anzubieten, wohin der individuelle Mitarbeiter sich entwickeln möchte, wofür er sich Anerkennung wünscht. Ein berufliches Team ist nun mal kein Ersatz für die Herkunftsfamilie, sondern ein Zweckbündnis zum Nutzen des Unternehmens. Und es kann Freude machen in so einem Team zu arbeiten und tiefe Befriedigung liefern. Denn es gibt sie nach wie vor reichlich – die Menschen die mit hoher Arbeitszeit und intensivem Einsatz unterwegs sind – und sich als zufrieden, bestenfalls glücklich beschreiben.

▶ Gnothi seauton/Erkenne dich selbst (Apollo, griechischer Gott)

Sich seiner selbst mehr bewusst zu sein, wird somit zu einem der bedeutendsten Faktoren des eigenen Weges. Ein Faktor, der Kraft freisetzt und ein Alternativentwurf zur scheinbaren Fremdbestimmung in der Organisation ist. Denn gerade dieses Grundgefühl von Unselbstständigkeit widerspricht dem Entwurf einer freien Gesellschaft und verstärkt den Trend allgegenwärtiger Belastung. Auch wenn wir es kontrovers diskutieren würden: Eine Vielzahl von Menschen unserer Gesellschaft wird beherrscht von der einen dumpfen, tief verankerten Erkenntnis: Wenn du das Spiel von Leistung, Arbeit und Erfolg nicht spielst, dann bist du ein Nichts. Ein Niemand. Ein Loser.

Warum dieser Ausflug? Weil sich auch in dieser Reflexion die Sorgfaltspflicht von Führungskräften zeigt, die sie gegenüber ihrem wichtigsten Kunden haben – sich selbst.

Übungen der Kampfkunst konfrontieren uns mit uns selbst – wir lernen uns besser kennen, Masken und Rollenspiele halten nicht mehr. Deswegen sind diese Übungen wert-voll und auch ohne Durchführung auf der Matte ein mögliches Bild um sich seiner selbst immer klarer zu werden.

Will ich führen? Erst bei einem klaren Ja stellt sich die logische zweite Frage: Kann ich es auch? Als erfahrener und reflektierter Leser haben Sie die Erfahrung vermutlich schon lange gemacht, dass Sie **führen können**. Es geht also um weitere Entwicklung.

Reflexionsfragen Selbstbild

- Sind Sie nur stolz auf Ihre Leistung oder verfügen Sie über einen ganz natürlichen Stolz als autonomer Mensch?
- Wer inspiriert Sie? Wer sind Ihre Vorbilder? An wem können Sie wachsen?
- Perfektionismus und ähnliche Phänomene: Vertrauen Sie Ihren Mitarbeitern und trauen Sie ihnen etwas zu? Wenn nicht, welche Gründe liegen bei Ihrem Team und welche in Ihnen selbst?

Charisma als Ziel?

Es gibt Menschen, die erfüllen einen Raum wenn sie ihn betreten. Es gibt Menschen, denen gehört ganz automatisch und unbewusst unsere Aufmerksamkeit und unser Interesse – unwillkürlich wünschen wir uns von Ihnen vielleicht sogar Bestätigung, Kontakt, Führung. Sie verströmen meistens Geborgenheit und ehrliche Ruhe – Werte sind Ihnen selbstverständlich, wir würden nichts anderes erwarten.

Nelson Mandela war wohl so ein Mensch, Mahatma Gandhi wird entsprechend geschildert und sicher finden wir auch weniger überlebensgroße Personen, denen wir Charisma zuschreiben können. Doch schon die Definition ist schwierig, Charisma ist schwer zu fassen. Es hat erneut eher mit einem Gefühl, einem inneren Erleben in Gegenwart dieser Menschen zu tun. Wir erleben Charismatiker eben genau als solche Menschen, die erkennbar kein Charisma anstreben – sondern ebenso erkennbar zutiefst authentisch sind.

Wir wollen in diesem Werk keinen Weg zu charismatischem Auftreten anbieten – das wäre unseriös und nicht beabsichtigt. Wir vermuten, dass die Ausstrahlung alter asiatischer Meister der Kampfkunst ein Ergebnis jahrzehntelanger Übung ist, ebenso wie der klaren Entscheidung, einen bestimmten Weg einzuschlagen und diesem konsequent zu folgen. Alleine das bringt Sicherheit, wie im Zitat von Konfuzius nachvollziehbar (Kap. 6, Gelassenheit).

Um Charisma zu entwickeln, brauchen entsprechend veranlagte Menschen vermutlich eine Mission. Ob es die gewaltige Herausforderung der Befreiung einer Nation ist oder eine naheliegende, tief empfundene Aufgabe im sozialen, unternehmerischen oder familiären Kontext – die Größe und Bedeutung der Aufgabe bringt große Stimmigkeit in Menschen hervor, die diese Aufgabe als die ihre erkennen und annehmen.

Karriere, ein überdurchschnittliches Einkommen und gute Performance sind erkennbar zu kleine Trigger, um charismatische Persönlichkeiten oder zumindest charismatische Merkmale als Aspekt einer Persönlichkeit hervorzubringen. Absolut sicher sind wir uns, dass die extreme Außenorientierung der Gegenwart und die in Kap. 1 und 3 beschriebene Selbstoptimierung jede Chance auf das natürliche Potenzial an Charisma einer Persönlichkeit zunichte machen. Wer – im extrem – „likes" auf Facebook sammelt, treibt die Abhängigkeit vom Wohlgefallen der Mitmenschen auf die Spitze. Wer seine Individualität darauf beschränkt, den Vorgesetzten sein stromlinienförmiges Karriere-Ich zu zeigen, hat sich selbst zugunsten eines Bildes von sich aufgegeben.

Im Fazit hat Charisma und seine leichter erreichbaren Geschwister Gelassenheit, Souveränität, natürliche Autorität etc. mehr mit *zulassen* zu tun, als mit unbedingt erreichen wollen. Es geht auch hier um die Entwicklung von ganz natürlichen menschlichen Fähigkeiten durch kontinuierliches Üben, und die klare Stimmigkeit die Personen erleben, wenn sie sich auf ihrem individuell richtigen Weg sehen und diesen konsequent verfolgen.

► Die Mission lautet dann „Gelingendes Leben und Sinnhaftigkeit".

Klingt relativ einfach? Bitte horchen Sie sich um – geradezu unglaublich wenige Menschen in unserer Arbeitswelt schildern sich als wirklich zufrieden, geschweige denn Selbstwirksam. Charismatiker entwickeln sich vielleicht aus der Unzufriedenheit mit den Umständen – und ganz sicher aus der *selbstbestimmten* Aufgabe diese zu ändern.

Werte als Basis für souveräne und authentische Führung

4

Ist eine werte-orientierte Unternehmensführung vereinbar mit wirtschaftlichem Denken und Handeln? Schließen sich Produktivität und Menschlichkeit naturgemäß aus?

Wer sich die Mühe macht, wirklich einmal hinzuhören, dem wird auffallen: Es ist mittlerweile eine tiefe Sehnsucht nach sinnstiftenden und stabilen Werten entstanden. Je länger wir uns in der Entstehung dieses Buches mit diesem Thema auseinander gesetzt haben, je öfter ist es uns aufgefallen, wie häufig man es in der Zwischenzeit in den Medien findet.

Werte in diesem Kontext werden üblicherweise verstanden als in sich wertvoll oder moralisch gut erachtete Eigenschaften bzw. Qualitäten, die Personen, Handlungsmustern, Charaktereigenschaften und dergleichen zu eigen sind. Wir verstehen darunter die innere Haltung einer Führungskraft als Quelle und Triebfeder für das äußere Verhalten, aber auch in der Bewertung und Einschätzung anderer. Sie gelten darüber hinaus auch in der Einstellung zu sich selbst, dem eigenen Selbstwertgefühl.

Werte sind in sozialen Systemen Ausdruck oder prägende Elemente der Kultur. Umgekehrt ist die Kultur ein Medium, durch das Wertevorstellungen weitergegeben und verändert werden können, entweder durch direkten Einfluss von erwünschten Regeln oder durch unreflektierte Gewohnheiten, Bräuche etc.

J. Schanze, J. Schuster, *Der Weg zur Meisterschaft in der Führung*,
DOI 10.1007/978-3-658-04332-2_4, © Springer Fachmedien Wiesbaden 2014

Die innere Haltung – Dreh- und Angelpunkt souveräner Führung

Die persönliche Meisterschaft in der Führung zu erreichen, seine innere Autorität zu entwickeln, Souveränität und Gelassenheit in den beruflichen Alltag zu integrieren (zum „Weisen" in der Führung zu werden) setzt voraus, sich mit der eigenen inneren Haltung und deren Wurzeln auseinanderzusetzen.

Die meisten Veränderungen finden nicht statt, weil wir immer darauf warten, dass Andere den ersten Schritt tun, weil wir glauben (oder gelernt haben), dass wir sowieso nichts ändern können. Weil wir unsere Opfer-Situation lieben gelernt haben, denn sie schafft Verbündete im Leid und ermöglicht es uns, die Schuld für die Verhältnisse immer bei anderen zu suchen (und zu finden). Will ich etwas ändern, muss ich also in die Initiative gehen, selbst den ersten Schritt tun und Toleranz im Umgang mit Fehlern entwickeln. Sollte sich der oder die Perfektionist(in) in Ihnen gerade zu Wort melden, bitten Sie um Nachsicht und Geduld. Werden Sie stattdessen zum Täter und übernehmen Sie die Verantwortung für Ihren ganz persönlichen „Change-Prozess". Wenn nicht Sie, wer dann? Wenn nicht jetzt, wann dann? Heute beginnt der Rest ihres (beruflichen) Lebens.

Viele Ihrer Mitarbeiter spüren etwas von Ihrer inneren Haltung. Erst wenn Sie Ihre Haltung verändern – zu sich selbst und zu Anderen – verändern Sie auch ihr äußeres Verhalten. Dieses wiederum wird erlebbar für Ihre Umgebung. So werden alte Muster durchbrochen oder verlieren an Bedeutung, Neues kann entstehen. „Nicht nur, weil du die Umwelt mit anderen Augen ansiehst, sondern weil die Veränderung dir ermöglicht Handlungen zu vollbringen, die vorher nicht möglich waren, oder an die du nie gedacht hast, solange du in dem alten Verhaltensmuster steckst." (Gandhi)

Insofern ist es uns ein wichtiges, wenn nicht das wichtigste Anliegen, Ihnen mit diesem Buch und dem werteorientierten Ansatz in Führung und Selbstführung eine Plattform zur Reflexion zu bieten.

Die Bedeutsamkeit von Reflexion im Kontext von Führung und Selbstführung

Persönliche Entwicklung findet also nur dann statt, wenn ich bereit bin, meine Automatismen (anders ausgedrückt: meine sog. „Komfortzone") kritisch zu hinterfragen, um sie im Bedarfsfalle und im Sinne einer Erweiterung meines

Verhaltensrepertoirs zu durchbrechen. Um dies zu tun, wird es immer wieder notwendig sein, das eigene Tun und Handeln zu reflektieren. Das macht uns emotional intelligent und unterscheidet uns vom Tierreich. Das Gegenteil davon - aber häufig praktiziert - ist ein höchst beliebtes Ablenkungsmanöver: Man legt sein eigenes Verhalten aufgrund einer gepflegten Selbstwahrnehmung als die Messlatte guter Führung fest. Nur die Reflexion macht es uns möglich, eigene Anteile an schwierigen Situationen zu erkennen und damit das Veränderungspotenzial zu identifizieren, dass durch Sie beeinflussbar ist. Wenn Sie jedoch Ihre Opferrolle verinnerlicht haben, werden Sie auch zukünftig die Verantwortung für das, was ist, gerne anderen zuschieben.

> „Man gibt immer nur den Verhältnissen die Schuld für das, was (man) ist. Ich glaube nicht an die Verhältnisse. Diejenigen, die in der Welt vorankommen, gehen hin und suchen sich die Verhältnisse, die sie wollen, und wenn sie sie nicht finden, schaffen sie sie selbst.“ George Bernhard Shaw.

Oft ist es die Angst, die uns daran hindert, uns und unsere Verhaltensmuster zu reflektieren. Angst, scheinbar Schützenswertes offen zu legen und dadurch verletzbarer zu werden. Angst, ein mühevoll aufgebautes und mit viel Energie aufrecht erhaltenes Image wie ein Kartenhaus zusammenbrechen zu sehen. Diese Angst verstellt uns den Blick auf die Chancen, die damit verbunden sind. Chancen, Neues zu entdecken und zu integrieren, unser Führungs- und Selbstführungsverhalten in eine stimmige Balance von Potenzialen und Verhalten zu bringen.

Die sieben Werte

Wir haben uns bei der Auswahl führungsrelevanter Werte unterschiedlicher Quellen bedient. Zum Einen orientiert an den klassischen Begriffen der Kampfkunst, zum Anderen angeregt durch vielfache Diskussionen mit unseren Kunden und Interviewpartnern sowie relevante Aussagen wert-orientierter Unternehmensführung. Eine Auswahl beschränkt immer. Wir erklären aus Ihrer Sicht eventuell fehlende Werte keineswegs als unbedeutend. Wir konzentrieren uns auf 7 grundlegende Werte, die wir als Essenz moderner Führung **subjektiv** definiert haben.

In den vielen Gesprächsrunden, die zu diesem Ergebnis geführt haben, ist uns auch bewusst geworden, dass man unter die jeweiligen Werte Vieles subsummieren kann und muss. Wir haben in der Zusammenarbeit mit unseren Kunden und Klienten festgestellt, dass jeder auf seine Art und Weise diese

Werte leben kann, dass diese die jeweilige Persönlichkeiten nicht einschränken, sondern „Leitplanken“ darstellen, innerhalb derer jeder seinen eigenen Weg finden und gehen kann. Die innere Haltung und Einstellung zu mir selbst und zu anderen ist das verbindende Element.

Ein „Erfolgsfaktor“ dabei ist die Nachhaltigkeit, mit der Sie diesen Weg gehen. Wie wir im Kap. 3 beschrieben haben, bedeutet dies immer, alte und vielleicht bewährte (weil bekannte und bequeme) Wege zu verlassen. Von der – gehirntechnisch betrachtet – sechs-spurigen Autobahn (mit Navigations-Unterstützung) abzubiegen, um sich neue Wege zu suchen. Eine herausfordernde Angelegenheit, verbunden mit Risiken und Rückschlägen, aber eben auch mit der Chance, Ihre ganz persönliche Meisterschaft zu entwickeln, Staunen zu ermöglichen und aus Stress positive Gefühle werden zu lassen (Hüther).

Insofern können Ihnen die nachfolgenden Werte

1. Sinnhaftigkeit
2. Respekt
3. Verantwortung
4. Standfestigkeit
5. Loyalität
6. Disziplin und
7. Demut

eine gute Plattform für Reflexionen bieten. Reflexionen, die Sie mit sich selbst ausmachen oder aber im Rahmen von Gesprächsrunden mit der Möglichkeit zum Feedback zwischen Ihnen, Ihren Kollegen oder Mitarbeitern. Dazu wünschen wir Ihnen einen guten Wirkungsgrad!

Sinnhaftigkeit

Führen heißt, auf dem Weg voran zu gehen und Zielen einen nachvollziehbaren Sinn zu geben (Abb. 4.1).

Die Mär, dass langfristige Motivation das logische Ergebnis von gezielt eingesetzten „Korruptionsmaßnahmen“ (Geld, Status-Symbole, Postulationen als „Verkäufer des Monats“ usw.) ist, hat sich herumgesprochen. Jeder weiß, dass durch extrinsische Motivation lediglich das Anspruchsdenken steigt, Motivation und Leistungssteigerung nur ein sehr kurzfristiges Ergebnis darstellen.

Abb. 4.1 Sinnhaftigkeit

Jede Führungskraft (und nicht nur die), der es ein Anliegen ist, langfristig Eigenmotivation zu erzeugen, ist gut beraten, die Sinnhaftigkeit des Tuns und Handelns aufzuzeigen, das Wozu zu erläutern oder den Nutzen zu erklären.

Sinnhaftigkeit ist also der Antrieb für Begeisterung und Leidenschaft und die Wurzel für Eigen-Motivation. Je sinnvoller das zu Erreichende erscheint, desto leichter ist die Führung. Auch Loyalität wird u. a. erst durch die Nachvollziehbarkeit von Sinnhaftigkeit von Zielen und Maßnahmen ermöglicht.

Wie wichtig ist es mir als Führungskraft, meinen Mitarbeitern Hintergründe zu erläutern, Ihnen das „Wozu" nahe zu bringen, Sie nicht als Erfüllungsgehilfen zu betrachten oder als Humankapital, deren Aufgabe darin besteht, Anweisungen zu befolgen und auszuführen? Wer mit der inneren Haltung unterwegs ist, dass man nicht für das Denken, sondern für das Machen bezahlt wird, der wird sich nicht mit dem Mehrwert von Sinnhaftigkeit auseinandersetzen.

▶ Sinnhaftigkeit ist Ausdruck von Respekt, Achtung und Wertschätzung und zeugt von der Souveränität und notwendigen Mitarbeiterorientierung der Führungskraft.

Dabei müssen wir immer nur mal wieder den Bezug zu uns selbst herstellen. Wer hat nicht schon mal die Erfahrung gemacht, wie viel es an Zeit, Energie und Selbstüberwindung kostet, sich mit Dingen zu beschäftigen, deren Sinnhaftigkeit sich einem nicht erschließt, sei es in Schule, Ausbildung oder Universität? Wer von Ihnen hat es möglicherweise schon erlebt, dass man sich auch als Führungskraft fragt, welchen Sinn hat jetzt diese oder jene Entscheidung? Und wie souverän und authentisch kann ich meine Mitarbeiter führen, wenn ich selbst das Gefühl habe, ich kann den Sinn nicht erkennen? Was verpufft an Leistungsbereitschaft, Effizienz und Effektivität, wenn wir gezwungen werden, so zu arbeiten? Was in Folge entsteht, ist das lustlose Abarbeiten vorhandener Aufgabenstellungen, statt Kreativität, Mitdenken, Eigenverantwortlichkeit und – im optimalen Fall – Begeisterung und Leidenschaft zu ermöglichen. Mitarbeitende gehen in die Anpassung, vermeiden die Übernahme von Verantwortung, werden Meister in der Zuweisung von Schuld, im ungünstigsten Falle macht sich Resignation breit. Es entstehen heimliche Spielregeln (die Summe all dieser Regeln bezeichnet man als Unternehmenskultur), die üblicherweise in einem krassen Widerspruch zu den propagierten und auf Hochglanz veröffentlichten Unternehmens- oder Führungs-Leitlinien stehen. Das Management verzeichnet einen Glaubwürdigkeitsverlust und ist sich der Bedeutsamkeit dessen oft kaum bewusst oder man nimmt es scheinbar billigend in Kauf. Die erlebte Inkonsistenz zwischen Hochglanzbroschüren und Praxis erschwert naturgemäß das Gefühl für die Sinnhaftigkeit solcher *Grundhaltungen*, obwohl sie aus unserer Sicht ein unverzichtbares Fundament für eine gemeinsame Identität darstellen.

► Der Verlust von Glaubwürdigkeit ist kaum wieder herzustellen.

Langfristig wird Führung immer dann besonders benötigt, wenn es um Neuerungen geht, wenn wir Sog erzeugen und das Potenzial der Leute entfalten wollen. (vgl. Götz W. Werner) In diesem Falle kann die Vermittlung von Sinnhaftigkeit mit der emotionalen Kraft einer ernstgemeinten Vision beginnen, anders ausgedrückt, einer idealtypischen Vorstellung von Zukunft, herausfordernd, aber nicht utopisch. Wir teilen an dieser Stelle die Meinung unseres Alt-Bundeskanzlers Helmut Schmidt nicht, der einmal die Aussage tätigte: Wer Visionen hat, sollte zum Arzt gehen. Eine emotional formulierte Vision hat eine ungeheure Sogkraft und bietet die Möglichkeit zur Identifikation. Identifikation wiederum ist Zünder und Motor gleichzeitig. Das heißt, es kann die Initialzündung für echte Motivation (aus mir selbst heraus) sein und diese über einen langen Zeitraum am Leben halten. Im Idealfall „brennt" man für die Idee, die einem so sinnhaft erscheint. Wenn wir davon sprechen, dass

Mitarbeitende innerlich gekündigt haben, dann heißt das oft, dass sich diesen Menschen die Sinnfrage im beruflichen Kontext nicht mehr stellt, sie auf ganz anderen Gebieten ihren Ausgleich suchen. Wer war nicht schon einmal überrascht, wie anders man Menschen erleben kann, wenn man diese in einem Umfeld erlebt, dessen Sinnhaftigkeit sich ihnen erschlossen hat, wenn plötzlich jemand bis tief in die Nacht arbeitet, der sich ansonsten auf „Dienst nach Vorschrift" beruft.

Es ist verblüffend zu erleben, wie sich die Qualität von Ergebnissen eklatant verbessert, wenn die Beteiligten die Hintergründe kennen. Es ist gleichzeitig erschreckend zu sehen, was passiert – emotional und/oder ergebnisbezogen – wenn dieses Hintergrundwissen/der Sinn bewusst oder unbewusst nicht kommuniziert wird. Eigene Interpretationen und Spekulationen ersetzen die fundierte Information, operative Hektik ein sinnhaftes und zielorientiertes Vorgehen. Im Ergebnis führt das auf beiden Seiten zu Frustrationen, der Manifestierung möglicherweise vorhandener Vorurteile und der Bestätigung von dysfunktionalen Grundhaltungen. Die Suche nach Schuldigen beginnt usw. Die meisten von Ihnen werden das kennen.

„Mythos Motivation" – Überzeugungstäter in der Führung

Geradezu unglaublich, wie wir bei Führungskompetenzen Rückschritte zulassen und statt dessen allgemeiner Getriebenheit durch technologischen Fortschritt Raum geben. Motivation wird entsprechend allerorten **gefordert**, Teamfähigkeit als Teil guter Führung steht in fast jeder Stellenbeschreibung. Eine Inflation von bedeutungsarmen Worthülsen. Motivations-Seminare und -Ratgeber nehmen kein Ende – verändert sich grundlegend irgendetwas? Warum überhaupt hält sich so hartnäckig das Gerücht, eine Führungskraft müsse motivieren? Und wieso trauen wir unseren Mitarbeitenden nicht über den Weg und glauben, wir müssen ihnen finanzielle Anreize bieten oder mit Motivationsrethorik begegnen?

Es gibt ihn viel weniger, als wir glauben, den Mangel an Motivation. Denn obwohl wir immer wieder die Defizite unseres Unternehmensalltags aufzeigen, so wundert es, warum doch noch so viel funktioniert. Wie das erreicht wurde, was erreicht wurde. Das ist oft das Ergebnis von sog. „Überzeugungstätern", Menschen, die hochgradig mit dem identifiziert sind, was sie tun. Wo das Produkt oder die Dienstleistung, die erbracht wird, für diese Menschen einen Sinn ergibt – trotz einer Unternehmens- oder Führungskultur, die das nicht unbedingt vermuten lässt. Diese Überzeugungen sind es, die uns viele Hindernisse überwinden lassen, meist auf informellem Wege. Die Kräfte freisetzen, die Sie mit keinem Anreiz aus dem üblichen Belohnungsrepertoire erzielen können. Es gelingt, weil sich ein Sinn erschließt.

Wenn Sie selbst zufällig eine Führungskraft haben, mit der Sie diese Eigenschaft in Verbindung bringen, dann werden Sie wissen, was dieses Potenzial bei den Mitarbeitenden auslöst. Glaubwürdigkeit, Vertrauen und Orientierung, selbst wenn andere Rahmenbedingungen weniger optimal sind.

Immer wieder wird entsprechend beschworen, dass die Führung jetzt tunlichst demotivierende Aktionen zu unterlassen hat. Der Beruf ist neben der Familie (soweit vorhanden) **der** Lebensmittelpunkt in unserer Gesellschaft und trägt viel zur persönlichen Identifikation bei, wie ggf. auch das ganze Unternehmen mit seinem Image. Immer wieder erleben wir Menschen, die stolz darauf sind bei XY zu arbeiten. Also darf der Beruf auch Freude machen, Leistung kann befriedigen und ein Erfolg schon die Lust auf den nächsten in sich tragen. Warum nur ermöglichen wir uns das wechselseitig so selten??

Fortschritte bei der Arbeit/Sinn und Erfolg

Besonders in den unteren Hierarchien geht der Bezug zum Beitrag eigener Arbeit am Großen und Ganzen oft verloren. Je mehr jemand das als sinnlos empfindet, wofür er/sie den ganzen Tag unter Zeitdruck steht, desto bedeutsamer sind kleine, feine Erfolgserlebnisse zur Herstellung von Balance. Es ist also nicht verwunderlich, sondern zwingend logisch, dass eine Führungskraft sich ein motiviertes Team verdient, wenn sie dafür sorgt, dass Erfolge ermöglicht und transparent werden. Eine Studie von Theresa Amabile, Harvard hatte dann auch das zu erwartende Ergebnis: Fortschritte im Arbeitsprozess – durchaus in kleinen Schritten – werden als besonders motivierend erlebt. Bedenken Sie in diesem Kontext das perfekte Erlebnis, wenn Ihnen etwas *gelungen* ist, wenn Sie eine – idealerweise herausfordernde – Aufgabe gut hinbekommen haben. Dann brauchen Sie kein Lob, es wäre vermutlich unter Ihrer Würde.

Das Vermitteln von sinnvoller Tätigkeit gewinnt auch in diesem Zusammenhang erneut Bedeutung und wurde schon beschrieben.

Attraktive Aufgaben

Unterforderung („Bore-Out") ist im Windschatten der allgegenwärtigen Überforderung tatsächlich existent. Wobei es meist weniger um Langeweile, als um einen Mangel an Sinn, Zweck und Anspruch der laufenden Arbeit geht. Wenn Sie auf eine in typischer Weise aufgeblähte Anzeige angesprungen sind (dynamisches Team, Herausforderungen, Durchsetzungsstärke etc.) und dann nach Assessment-Center und mehreren Interviews endlich in der ersehnten Position arbeiten und langsam aber sicher merken – außer der allgemeinen Hektik fordert Sie nichts heraus. Sie fühlen, dass Ihre Auslandserfahrungen und zahllosen Skills hier momentan keiner braucht. Wenn Sie regelmäßig in der Matrix-Organisation Reporte schreiben, für die Sie nie Feedback bekommen, von denen Sie niemals erfahren ob Ihre Ausarbeitungen irgendjemand wirklich liest – wie fühlen Sie sich dann auf Dauer mit diesen Aufgaben? „Viel" heißt noch lange nicht herausfordernd und Ihrem Wissen entsprechend. Hier hilft nur ein schnelles Gespräch und – so Sie vertröstet werden, was dort häufig ist, wo Mitarbeiter nicht ernst genug genommen werden – der Stellenwechsel. Arbeit gibt es genug, auch attraktive Aufgaben, mit denen Sie sich entwickeln können. Viele Menschen kleben zu lange, vielleicht aus einem Bedürfnis nach externer Sicherheit, aus Bequemlichkeit an ihrem Job. Latente Unzufriedenheit schadet der Lebensqualität – die Feststellung könnte banal sein, entspricht jedoch millionenfacher Wirklichkeit.

Die jüngeren Arbeitnehmer der Generationen X und Y nennen in Umfragen herausfordernde Aufgaben denn auch als ein Top für Ihre Motivation in einem Unternehmen/einem bestimmten Beruf zu arbeiten. Versorgen Sie Ihr Team entsprechend, zeigt das Respekt und Verantwortung. Delegieren Sie Macht und Gestaltungsräume, das zeigt Vertrauen.

Loyalität wird einfach für Ihr Team

- Ein Umfeld schaffen, in dem die intrinsische Motivation der Mitarbeiter gedeihen kann – das ist die hohe Kunst der Motivation. Es hat mehr mit **zulassen und loslassen** zu tun, als mit extrinsischen Anreizen. Diese werden von den Mitarbeitern durchschaut und „abgegriffen", meist ohne die gewünschte Wirkung.
- „Montags könnt' ich kotzen": Sollten Sie empfinden, dass Ihre Leute kaum zu motivieren sind, prüfen Sie Ihren Anteil daran.
- **Anerkennung** guter Arbeit schafft Lust auf mehr. Prüfen Sie das Verhältnis von Feedback und Unterstützung zu Kritikgesprächen.
- Kontakt ist in sehr großen Teams oft schwierig, doch die sind eher selten. Also halten Sie Kontakt und seien Sie präsent. Lob und inflationäres Schulterklopfen vermisst dann niemand.
- Ein Kontrollfreak ist keine Führungskraft. Sondern vermutlich ein zutiefst verunsicherter Mensch mit zu viel Verantwortung.

Abb. 4.2 „Habe stets Respekt vor dir selbst, Respekt vor anderen und übernimm Verantwortung für deine Taten." (Dalai Lama)

Respekt (Abb. 4.2)

Diese Szene ist Ihnen vermutlich als Bild vertraut und sie ereignet sich täglich viele tausend Male rund um den Globus: In einer Kampfkunstschule reihen sich die Schüler auf und verbeugen sich vor ihrem Trainer (analog zur Führungskraft) zu Beginn des Trainings. Außerdem verbeugen sie sich untereinander vor und nach Partnerübungen. Dieses Ritual hat auch im Westen jeder schon irgendwann gesehen oder erlebt. Und wenn Sie nach dem Sinn der Verbeugungen fragen, erhalten Sie auch fast immer sofort die eine Antwort: **Respekt**.

Umfragen belegen immer wieder den starken Wunsch nach mehr Respekt im Umgang miteinander bei Mitarbeitern und Führungskräften in Organisationen.

Das ist bereits eine wichtige Koinzidenz und doch erst die halbe Wahrheit, weil einer oberflächlichen Betrachtung geschuldet. Die Verbeugung in einer Schule für Kampfkunst bedeutet sehr viel mehr: Sie beinhaltet ein Versprechen. Neben der tatsächlichen und verinnerlichten Haltung des Respekts versprechen wir unserem Partner ein bestimmtes Verhalten, das eine ganze Reihe von Auswirkungen nach sich zieht. Und erhalten damit unvermutete, doch sehr logische Konsequenzen aus einem wirklich umgesetzten Begriff des Respekts.

Im Detail: Wie soll sich Respekt in unserem Alltag nach allgemeinem Konsens zeigen? Was erwarten wir für uns und sind wir bereit zu geben, wenn wir in einer Umfrage diesen Wert markieren? Den Kollegen und Mitarbeitern nicht zu nahe treten, deren Grenzen respektieren? Kann das schon alles sein?

Es geht sehr viel tiefer, wenn wir uns tatsächlich darauf einlassen diesen fundamentalen Wert der menschlichen Koexistenz zu reflektieren. Mit der Verbeugung verpflichten sich Teilnehmer im Dojo gegenüber dem Übungspartner optimal zu kooperieren. Optimal heißt ganz menschlich: So gut ich hier und heute dazu in der Lage bin, nach Stand meiner Ausbildung, meiner körperlichen und geistigen Fähigkeiten und meiner Tageskondition. All das, was auch unser Arbeitgeber und unsere Kollegen durch den Arbeitsvertrag legitimiert und den selbstverständlichen wechselseitigen Respekt im Alltag erwarten können. Können sollten zumindest.

Diese optimale Kooperation beinhaltet im Dojo (analog zum Unternehmen) das Anliegen nach einer Maximierung des Nutzens: Ich kann mich im Ideal völlig darauf verlassen, dass mein Partner Alles tut und gibt, damit ich ein effektives Training habe und meine persönlichen Entwicklungschancen nutzen kann. Und vice-versa – so gehen beide körperlich erschöpft, aber mental gestärkt zur Dusche. Sowieso hat keiner im Sparring die Chance, sich hinter innerer Kündigung, passiven Widerstand oder Mobbing zu verstecken. Ich weiß von Anfang an: Ich profitiere vom vollen Einsatz meines Partners, er von meinem.

Nebenbei wird auch garantiert, dass sich keiner verletzt in einem Sport, der das Verletzen lehrt (Demut). In der Organisation würden wir uns analog vermutlich wünschen viel selbstverständlicher in einer Atmosphäre zu arbeiten, in der Alle in gleicher Konsequenz respektvoll aufeinander achten und sich dabei selbstverständlich voll und ganz einbringen.

Der Unterschied zwischen Kontakt und Präsenz macht deutlich, was wir deutlich mit **Mangel** an Respekt verbinden. In der heutigen Zeit wird die Aufmerksamkeit eher dem vor mir liegenden Smartphone oder Tablet gewidmet, statt der – oder demjenigen, der sich gerade abrackert, mir etwas mitzuteilen oder im Meeting zu vermitteln.

Stichworte **Diversity** und **Gender**: Wie bereits beschrieben, funktioniert der Dojo auch hier als Lebensschule im Sinne aktuell intensiv beschworener gesellschaftlicher Werte. Die Verbeugung und ihr Versprechen ist prinzipiell identisch, egal ob mein Partner jünger oder älter, männlich oder weiblich und von heller oder dunkler Hautfarbe ist: Es geht um das gemeinsame höhere Ziel – wie im Unternehmen.

Stellen Sie sich folgende Szene vor: Ein etwa 12-jähriges Mädchen, schon fortgeschritten in ihrer Kampfkunst, was unschwer am roten Gürtel zu erkennen ist. Ihr gegenüber ein gestandener Akademiker in der Mitte des Lebens, groß und respekteinflößend und vermutlich Führungskraft oder selbstständig. In der Kampfkunst eher noch ein Anfänger, gelber Gürtel. Sie wird ihm jetzt eine Form oder eine bestimmte Technik vermitteln, die sie mit ihren ca. 4 Jahren Erfahrung schon auf gutem Niveau beherrscht. Er wird ihre Anleitungen selbstverständlich befolgen – eine scheinbare Umkehrung dessen, was wir bei der Betrachtung beider Personen normalerweise erwarten würden. Und doch auf einer Basis von echtem Respekt sehr gut möglich. Es zählt der Mensch und es zählt Kompetenz. Sonst nichts, Scheuklappen werden in der Garderobe abgelegt. Zum Abschluss werden sie sich erneut verbeugen und vermutlich wird er guten Stil haben und sich für das Training und die Vermittlung von neuem Wissen bedanken.

Genau diesen Aspekt von Respekt empfinden wir als besonders wertvoll für jede Zusammenarbeit in Stab, Linie oder Matrix: Zuerst steht oder sitzt mir ein Mensch gegenüber, der meine volle Aufmerksamkeit verdient.

Wie werde ich dabei unterschiedlichen Mitarbeiter-Individuen gerecht? Wir werden im Dojo immer nach den individuellen Stärken suchen und den Schüler dort fördern. Das entspricht der klassischen stärkenorientierten Führung, die natürlich auch für jede Selbstführung gilt! In der Kampfkunst werden wir den „Schwächeren“ niemals spüren lassen, dass er/sie weniger qualifiziert ist. Kommunikation findet generell auf Augenhöhe statt, die unterschiedliche Verteilung von Macht läuft wie eine Tonspur im Hintergrund und wird nur nach Bedarf abgerufen. Durch den zieldienlichen und sparsamen Gebrauch von Führungsmacht behält sie ihre Durchschlagskraft, die Versuchung von übermäßigem Einsatz wird durch Respekt limitiert. Im Unternehmen funktioniert Respekt identisch:

- Ich begegne jedermann auf Augenhöhe, unabhängig von Status, Position, Hierarchie.

Wertschätzung statt Respekt?

Die Forderung, dass Führungskräfte einen wertschätzenden Umgang mit Ihren Mitarbeitenden pflegen sollten, hat in einigen Organisationen dazu geführt, dass eine ehrliche und durchaus angemessene Form der Rückmeldung nicht mehr möglich scheint. Die Gefahr ist groß: Der Begriff der Wertschätzung und die damit verbundenen Ansprüche entwickeln sich zur moralischen Keule – gegen die Führungskraft und sorgen dafür, dass sich so mancher Vorgesetzter resigniert seiner Führungsaufgaben entledigt. Jede Form der negativen Rückmeldung wird als unzulässige Kritik und Respektlosigkeit ausgelegt.

In vielen Führungstrainings diskutieren wir immer wieder: Ein respektvoller Umgang miteinander geht einher mit großer Achtsamkeit (Respekt wird in seiner Definition auch als Rücksicht beschrieben!), entbehrt aber nicht der notwendigen Offenheit. Die Botschaft muss klar und unmissverständlich, die innere Haltung der Führungskraft von Respekt geprägt sein. Das Streben nach Harmonie als Selbstzweck konkurriert mit dem auch vorhandenen, großen und berechtigten Bedürfnis nach Gerechtigkeit.

► Selbstrespekt ist dabei eine solide Basis, der wertschätzende Umgang mit sich selbst vereinfacht es Individualität im Umfeld zu respektieren.

Verantwortung (Abb. 4.3)

Wenn eine Führungskraft Verantwortung im Sinne des Unternehmens trägt, geht es vordergründig meist um messbare Parameter wie Umsatz/Ertrag etc. Im Kontext dieses Buches geht es darüber hinaus immer um den Menschen, seiner Verantwortung für andere, aber auch im Wesentlichen um seine Verantwortung für sich selbst.

Verantwortung braucht Selbstführung

Wie gründlich werden Sie der Verantwortung sich selbst gegenüber gerecht? Bitte halten Sie einen Moment inne und reflektieren Sie diesen Punkt gründlich. Nur eine Führungskraft, die die Verantwortlichkeit für sich selbst voll und ganz durchdringt und auch **annimmt**, wird auf Dauer in der Lage sein, die Verantwortung, die sie für ein paar oder auch ein paar Hundert Mitarbeitende trägt, wirklich auszufüllen. Bereits die hohe Kunst erfolgreicher Selbstführung braucht eine stimmige Balance aus Anforderung (Leistungsbereitschaft) und Abgrenzung gegenüber der latenten Gefahr von Selbstausbeutung. Wir sind die einzige Spezies auf dieser Welt, die in der Lage ist, sich links und rechts selbst zu überholen. Ein präziser und vor allem ehrlicher Blick auf AU-Statistiken zeigt Stress und seine Folgesymptome schon lange unangefochten auf Platz

Abb. 4.3 Verantwortung und Entscheidungsbefugnisse brauchen eine stimmige Balance

1. Denn auch Erkrankungen des Bewegungsapparates (offiziell Platz 1) sind zu mindestens 80 % der Überflutung mit Stresshormonen geschuldet, ebenso wie die hohe Zahl an Atemwegserkrankungen, dem offiziellen Platz 2 der von Krankenkassen veröffentlichten Auswertungen.

Wenn Sie dann noch ins Kalkül ziehen, dass die direkt dem Phänomen Burn-Out zugerechneten AU Tage in wenigen Jahren um über 1.000 % gestiegen sind, bekommen Sie ein klares Bild einer scheinbar wenig artgerechten Arbeitswelt. Dabei ist es natürlich viel zu kurz gegriffen, auf den Beruf alleine als Urheber von Überforderung und Erschöpfung als Schuldprinzip zu setzen.

„Wo es einen Schuldigen braucht, mangelt es an Führung" – wir beleuchten die Situation stattdessen aus der Perspektive der Verantwortung und werden feststellen, dass es dabei mehr Aspekte gibt als nur Salutogenese der Mitarbeiter und Ergebnisse für die Organisation.

- Wer sich selbst versteht, versteht tendenziell auch seine Mitmenschen besser. Wer sich selbst aufmerksam und wertschätzend führt, führt auch seine Mitarbeiter besser. Wer seine eigenen Bedürfnisse wahrnimmt, entwickelt leichter das nötige Mindestmaß an Empathie für die Mitglieder seines Teams.

- Aber: Die Verantwortung für Menschen und Schicksale ist nicht zu trennen von der Verantwortung für die Erreichung der Unternehmensziele.

Verantwortung ausfüllen

Wer seine Mitarbeiter als „Schrott“ bezeichnet –wie viel echte Verantwortung trägt so jemand, welchen unverantwortlichen Einfluss nimmt er auf das Klima in seinem Unternehmen? Er sagt weniger etwas über betroffenen Menschen aus, er spricht allerdings Bände über sich selbst und seine fehlende Meisterschaft als Führungskraft.

In Umfragen wird als ein Hauptgrund für den Wunsch nach Wechsel des Arbeitsplatzes die jeweilige Führungskraft genannt. Wir würden vielleicht Aufstiegschancen oder mehr Einkommen als Motivation für die Bereitschaft, das Unternehmen zu verlassen, erwarten.

Hier hilft nur der Blick in den Spiegel und die klare Bekenntnis: Als Führungskraft bin *ich* verantwortlich. Meine aktiven (oder unterlassenen) Handlungen, mein Auftreten und meine Ausstrahlung bilden neben der übergeordneten Unternehmenskultur, die stärksten Klimafaktoren in meinem Verantwortungsbereich.

Die Leistungsbereitschaft ist in unserer Gesellschaft generell hoch, es obliegt der Führungskraft, diesen Steilpass aufzunehmen und alles zu unterlassen, was Mitarbeiter tendenziell demotiviert und/oder in ihrer Leistungsfähigkeit einschränkt. Dazu zählt auch der eher karitative Führungsstil: Jede Form der Überversorgung stellt eine Entmündigung dar und entbindet die Mitarbeitenden von jeglicher Form der Eigenverantwortung. Ihre Mitarbeitenden werden sich darauf einstellen oder gehen (ein Kollege von uns bezeichnete diesen Führungsstil gerne auch als „betreutes Arbeiten“). Je mehr Verantwortung Sie dabei – nach individuellen Stärken – an Ihr Team übertragen, desto größer wird Ihre eigene Autorität – das ist nicht jedem Manager bewusst, der kleinlich Kompetenzen hortet. Zusätzlich bleibt Ihnen auf Dauer mehr Raum für zukunftsorientierte Aufgaben mit großer Hebelwirkung – einer Königsdisziplin exzellenter Führung. Ein Team, das von seiner Führung zu Entwicklung und Wachstum geradezu eingeladen wird, erlebt einen hohen Identifikationsschub und dankt es mit Performance. Um mit Gallup zu sprechen: Es entsteht ein Klima, in dem A-Mitarbeiter heran – und über sich hinauswachsen. Gemeinsame und individuelle Erfolgserlebnisse reduzieren die Wirkung des alltäglichen Stressgeschehens und lassen eine von außen geforderte, künstliche

„Teamorientierung" überflüssig werden. „Empowering the Employee" bedeutet dann, konsequent die Selbständigkeit im Denken wie ein wertvolles Saatgut auszubringen. Sie ernten ein Team, das Ihnen unternehmerische Freiheit schenkt, weil es auch ohne Sie zurechtkommt.

- Die Verantwortung für **Wachstumsimpulse** geht zu oft im Alltag unter.
- „Wenn du einer Person erlaubst zu handeln, entwickeln sich ihre Fähigkeiten" (Laozi)
- Die hohe Kunst der Motivation – das richtige Umfeld schaffen, in dem Mitarbeiter selbst Erfolge generieren und Entwicklungschancen sehen

Überstrapaziert ist in unserer Unternehmenswelt der Begriff der Teamorientierung. So sehr, dass sich vermutlich kaum noch irgendjemand Gedanken darüber macht, was die abgedroschene Floskel im jeweiligen Kontext aussagen soll. Wir erleben, dass Führungskräfte stolz darauf sind den eigenen Anspruch als „team-orientiert" zu erfüllen – und übersehen, dass sie letztlich dabei sind Ihre Verantwortung zum Allgemeingut des Teams zu machen. So werden bestenfalls schnelle Entscheidungen vermieden und Harmoniesoße über den Bereich ausgegossen. Verantwortung *tragen* heißt letztlich auch Klarheit im Handeln – bei aller Achtung vor verschiedenen Interessen: irgendwann wird einfach entschieden. Denken Sie nur daran, welche Energie schon in den ganz banalen, aber nicht enden wollenden Diskussionen zur Urlaubsplanung im Abgleich mit Ferienzeiten, Brückentagen etc. versandet. Verantwortlichkeit braucht jemand der bereit ist zu entscheiden und die Verantwortung dafür klar zu übernehmen.

Verantwortung für Burn-Out

Führung ist Vorbild. Eine Frage dabei ist, wie gehen Sie mit sich selbst um und welches Bild hat entsprechend Ihr Bereich?

Studien legen immer wieder nahe, dass die Gesundheitssituation eines Bereiches stark von der Führung beeinflusst wird. Dass Gesundheit dabei auch Leistungsfähigkeit und Motivation fundamental beeinflusst, ist fast zu banal zu erwähnen. Und doch sprechen wir über ein enormes Defizit im betrieblichen Alltag. Technokratische Manager tendieren stark dazu Menschen weniger zu warten als Maschinen, ebenso Führungskräfte, die der Performance **alles** unterordnen (für wen? Um selbst zu brillieren?). Die biologische Mindestanforderung des menschlichen Systems an Regeneration, Ernährung und Bewegung wird geleugnet oder auf die private Verantwortung geschoben. Damit schießen wir ein Eigentor – Unternehmen, die die Gesundheit der Mitarbeitenden im Fokus haben, erwirtschaften mit – auch dadurch – hochmotivierten Teams eine höhere Rendite als der jeweilige Branchenschnitt. Unterschätzen Sie niemals die Bedeutung der Identifikation mit dem Unternehmen; zumal wenn es seiner Sorgfaltspflicht **erkennbar** gerecht wird.

Als Führungskraft können Sie die Workload Ihrer Leistungsträger im Auge haben, Selbstausbeutung bei sich und den Mitarbeitern vermeiden und vor allem haben Sie Einfluss auf strukturell hausgemachte Stressfaktoren und Effizienzkiller:

- unnütze, ineffektive Meetings
- mangelhaftes Multiprojektmanagement
- ständige Prioritätenwechsel
- Entscheidungsstau
- Mangel an Feedback
- unlösbare Zielkonflikte in der Matrix
- schwache, überforderte Führung.

Ein Gedanke zur Selbstausbeutung: Ich überschreite die Grenzen meiner Leistungsfähigkeit – erwartet das mein Unternehmen/die übergeordnete Hierarchiestufe wirklich oder drehe ich die Täter-Opfer-Beziehung um? Werde gegen mich selbst zum Täter und halte mich gleichzeitig für das Opfer der Anforderungen. Weil ich nur so glaube unentbehrlich zu wirken?

Völlig aus dem Ruder gelaufen ist ein Prämiensystem das Selbstausbeutung finanziell unterstützt und wie eine Epidemie um sich greift. In einer Welt von Simulanten oder Blaumachern mag es sinnvoll erscheinen, Mitarbeiter für weniger Arbeitsunfähigkeit-Tage (AU) mit Prämien zu belohnen. In einer Gesellschaft, die – überspitzt – Leistung als alleinigen Gott anbetet, wirkt das Fördern der Anwesenheit kranker Mitarbeiter, die eigentlich für zwei Tage ins Bett gehören, schlichtweg unüberlegt. Zum einen verzögert sich der Heilungsprozess, wie jeder Betriebsarzt bestätigen kann, zum anderen erbringt der präsente jedoch angeschlagene Mitarbeiter in gleicher Zeit sehr viel schlechtere Leistung. Ergänzt durch ein hohes Ansteckungspotential bei Infektionskrankheiten. Der so entstandene „Präsentismus" verursacht für die Wirtschaft nach mehreren Studien bereits deutlich höhere Kosten als tatsächliche AU-Tage. Gibt es ein besseres Beispiel für einen Mangel an Sorgfaltspflicht durch die Verantwortlichen?

- Viele Fälle von Burn-Out und anderen Stresskrankheiten haben mit mangelnder Führungsqualität zu tun
- Fürsorgepflicht und Vorbild: Gesundheit und Gesunde Führung
- „GreatPlaceToWork“ etc. als beispielhafte Initiativen und Imagefaktoren
- Zitat: „Bei Burn-Out sollte eigentlich die Führung zum Arzt“
- Modernes BGM ist sehr viel mehr als Arbeitssicherheit, im Fokus steht der ganze Mensch.

Mit dem Zuwachs an Machtbefugnissen sind wir eingeladen unsere Sensibilität für Verantwortung und unsere Bewusstheit für Demut zu entwickeln.

Das Gegenteil – viel Verantwortung ohne dazu gehörige Gestaltungsmacht – ist für die Betroffenen meist die deutlich problematischere Herausforderung. Dazu braucht eine Führungskraft u. E. nach besonders eine Tugend: Standfestigkeit.

Standfestigkeit (Abb. 4.4)

„Wer führen will, muss vorne stehen.“(Büntig) Vorne stehen, geerdet zu sein, zu wissen, wo es hingehen muss. Voranzugehen, wenn es wichtig ist. Standfestigkeit hat viele Facetten – wie interpretieren Sie den Begriff für sich und was machen Sie daraus? Ein Beispiel aus unserer Arbeit:

Standfestigkeit erleben

Neun Menschen im Seminarraum – mit einer schwierigen Aufgabenstellung. Neun Frauen und Männer eines weltweit agierenden Unternehmens mit zahlreichen Tochterunternehmen. Diesen neun Personen unterliegt das „Global Sourcing“, sie sollen den weltweiten Einkauf bündeln und erhebliche Kosteneffekte realisieren – ohne formale Machtbefugnisse in den angeschlossenen Unternehmen, um ihre Ideen und externen Verhandlungserfolge intern durchzusetzen. Das Anliegen unseres Kunden im Kern: Training von Standfestigkeit und Durchsetzungskraft.

Wir waren uns mit den sehr reflektierten und gut geschulten Teilnehmern schnell einig, dass Diskussionen eher in die Kategorie des üblichen „Brainfucking“ in Seminaren gehören – es ging um *Erfahrungen*. Also aufstehen, Stühle zur Seite, **von der Kampfkunst lernen**. Ein paar Stunden später, nach ungewohnten aber stärkenden Übungen aus Asien und einigen fachgerecht

Abb. 4.4 „Sorge dich um den Beifall der Leute und du wirst ihr Gefangener sein.“ (Laozi)

gespaltenen Holzbrettern, waren sich die Teilnehmer einig: Standfestigkeit ist ein Gefühl, das sich im Stehen besser üben und leichter erleben lässt, als es im Sitzen mit dem Verstand angestrengt formuliert werden könnte. Neben den glänzenden Augen blieb uns ein Feedback besonders in Erinnerung: „My balance is better, my mood is better, my energy is better! You've opened a door – thank you!“

Geht es um Holzbretter? Nein, das ist nur eine Metapher, wenn auch eine sehr anschauliche erlebbare. Es geht um das Erfahren eigener Stärke, das Gefühl von „Unangreifbarkeit“, um Aufrichtung, Stolz, Würde.

Standfestigkeit äußert sich u. a. in einer eindeutigen und klaren Positionierung. Ihre Meinungen und Haltungen als Führungskraft, auch zu unpopulären Entscheidungen oder Themen, werden sichtbar – für Freund und Feind gleichermaßen. Fehlende Positionierung erschwert Loyalität auf Seiten Ihrer Mitarbeitenden. Es jedem Recht machen zu wollen ist letztlich unmöglich – eine eindeutige Position gibt Ihnen und Ihrem Bereich Orientierung und Stabilität. Was davon richtig oder falsch ist, mögen Sie individuell entscheiden, es gibt nur eine Gemeinsamkeit, die über Allem steht – das übergeordnete Gesamtziel des Unternehmens, somit die Orientierung am Markt bzw. Kunden.

Sturheit ist die extreme und dysfunktionale Variante. Aus-sitzen wird gerne damit gerechtfertigt. Soll das inzwischen erkennbar überflüssige Projekt (egal ob durch den Markt oder interne Entwicklung überholt oder von Anfang an schlecht aufgesetzt) durchgezogen, Ressourcen und Kapazitäten verschwendet werden – weil wir Konsequenzen fürchten müssen? Oder niemandem erklären können, warum gerade noch hohes Engagement so wichtig war? Oder wir übergeordnete Entscheidungen in Frage stellen – was ungünstig für die Karriere sein kann?

Sie merken es schon – der Wert Standfestigkeit muss einhergehen in enger Partnerschaft und stimmiger Balance mit der notwendigen und von Ihnen erwarteten Flexibilität.

Standfestigkeit in der Flexibilität

Häufig vergessen wir, wie wertvoll schnelles Umsteuern sein kann, wenn die Erkenntnislage sich ändert. „Survival of the fittest" beruht eben genau auf dieser Fähigkeit – das Zugeben eines Irrtums als Chance zu sehen und die nötige Anpassung als logisch folgende Stärkung des Systems. Glaubwürdigkeit ist der Lohn, den Sie ernten. Entscheidungen, die überholt sind, zu revidieren bedarf meist mehr Autorität, als etwas laufen zu lassen. Damit steht Standfestigkeit auch als ein Gegenpol zur allgemeinen Ungeduld, die oft genug in Hektik ausartet: Wenn z. B. Ergebnisse erwartet werden, bevor die Planung für eine Maßnahme steht.

Standfestigkeit braucht Mut

Sun Tzu schreibt: „Die Kunst des Krieges lehrt uns, nicht darauf zu hoffen, dass der Feind nicht kommt, sondern darauf zu bauen, dass wir bereit sind ihn zu empfangen (…), dass wir unsere Stellung uneinnehmbar gemacht haben."

In einem international tätigen Konzern erlebten wir seit längerem einen Bereichsleiter, der auf drohende Gefahren für den Marktanteil seines Unternehmens durch neue, starke Teilnehmer aus dem fernen Osten hinwies. Er erwarb sich schnell den Ruf eines unbequemen Schwarzmalers „Wir sind doch gut unterwegs, haben unseren Markt im Griff – schauen Sie sich mal unsere Zahlen an!" hieß es im Kollegenkreis. Bis 2013 Umsatz und Ertrag im vermuteten Maße einbrachen. Wir haben nicht erlebt, dass jemand Abbitte leistete – lediglich, dass „von Oben" der Druck erhöht wurde.

Druck erhöhen ist immer eher ein Verzweiflungsakt oder eine Notlösung. Egal wie hoch in der Hierarchie angesiedelt. Der erwähnte Manager kann vermutlich damit leben, dass niemand im Haus seine Weitsicht richtig zu schätzen weiß. Der ganze Markt hat ihm Recht gegeben, und er war zumindest in seinem Bereich vorbereitet. Standhaftigkeit kann immer wieder bedeuten, die Verlockung der Lemminge zu ignorieren und das als richtig und wichtig Erkannte auch intern zu vertreten. Oft genug wird so eine Haltung Mut erfordern und dem informellen Harmoniegebot der Organisation widersprechen.

Nokia und Blackberry sind überall.

Standfestigkeit und Konflikt

Vorab einige Thesen zu Konflikten in Organisationen:

- Konflikte sind normal und unvermeidlich in sozialen Kontexten.
- Konflikte erzeugen unangenehme Gefühle.
- Das ist die Ursache dafür, dass sie meist ignoriert werden.
- Werden Konflikte nicht bearbeitet, drohen sie zu eskalieren.

Nicht der Konflikt ist in der Regel das Problem, sondern die Art und Weise, wie wir damit umgehen. In westlichen Unternehmen werden Führungskräfte häufig auf die Rolle des streitbaren, eloquenten „Standpunktverfechters“ und „Problemlösers“ gedrillt (Peter Senge, Das Fieldbook zur Fünften Disziplin). So weit, so gut. Das würde unserem Wert Standfestigkeit in die Karten spielen.

Konflikte sind jedoch leichter zu lösen (in Anlehnung an: Gamber, Paul, Konflikte und Aggressionen im Betrieb), wenn

- die Einsicht vorhanden ist, dass viele Konflikte nicht durch unüberbrückbare Interessengegensätze entstehen, sondern deshalb, weil wir innerhalb unserer Zivilisation gelernt haben, dass es scheinbar nur eine Wahrheit gibt, einen Sieger oder einen Schuldigen.
- die Erkenntnis vorhanden ist, dass die Widerstände auf der anderen Seite geringer werden, wenn wir auch deren Standpunkt verstehen und selbst die Bereitschaft mitbringen, unser Verhalten zu ändern.

Damit wären wir auch hier wieder bei der „wohlgemeinten Balance und Partnerschaft“ von Standfestigkeit und Flexibilität. Konflikte müssen frühzeitig erkannt und mutig angesprochen werden, statt sie erfolgreich zu ignorieren. Sie sind oft nur durch gemeinsame Reflexion und neue Erkenntnisse und Einsichten lösbar. Flexibilität auf Basis neu gewonnener Erkenntnisse ist also keine Sprunghaftigkeit, sondern Klugheit. Führungskräfte müssen lernen, ihren „Plädoyer-Stil“ durch ein geschicktes „Erkunden“ fremder Standpunkte auszugleichen. Ziel ist muss es sein, wohlverstandene eigene Interessen zu verbinden mit einem respektvollen Eingehen auf den Anderen.

Embodiment – Die vergessene Macht des Körpers

> Der Mensch, der Selbstmanagement-Strategien ausschließlich über das Denken umsetzen will und den Körper dabei vergisst, riskiert sein persönliches Scheitern. (Maja Storch)

Standfestigkeit – wirklich gelebt – ist die Summe von innerer **und** äußerer Haltung. Stimme, Mimik, Gestik, Sprache – der ganze Körper als Grundlage für unsere Außenwirkung. Unsere Körpersprache ist die ehrlichste Form von Kommunikation.

Die Begegnung mit einem Kunden hinterließ Eindruck bei einem der Autoren. Positionsmacht und Entscheidungsbefugnisse des Geschäftsführers passten so gar nicht zur äußeren Haltung. Diese war während des ganzen Gesprächs in sich zusammengesunken, drückte Unsicherheit aus. Im Stehen wurde der Eindruck noch deutlicher, der ganze Körper formte ein Fragezeichen. So entsteht eine typische Doppelbotschaft (Macht **und** Schwäche gleichzeitig), die auf unbewusstem Weg Gesprächspartner in Irritationen und Zwickmühlen bringt. Wen habe ich da vor mir, stimmen Wahrnehmung und Wirklichkeit überein?

Wie stehen Sie selbst da, vor Ihren Mitarbeitern? Verfügen Sie ganz natürlich über eine aufrechte, entspannte Haltung? Passt Ihre Körpersprache zu Ihnen und Ihren Aussagen oder besteht eine Diskrepanz – in jedem Fall spricht sie Bände über Ihr Innenleben. Jede Stimmung, von Angst bis Heiterkeit, von Souveränität bis Verzweiflung, drückt sich körperlich aus. Die „Kultur des gesenkten Hauptes“ (jeder stiert auf sein Smartphone) verschlechtert beispielsweise Haltung, Atmung und Laune. In jeder Art von Kampfkunst wird von Beginn an eine stabile und aufrechte Körperhaltung erarbeitet. Ein starker Stand macht es einem Aggressor deutlich schwieriger – das gilt identisch für das berufliche Umfeld.

Wie gefällt Ihnen selbst das Signal, das Sie auf diese Weise abgeben? In Kap. 3 haben wir die aktuelle Wissenschaft zitiert: Geist und Körper sind untrennbar Eines. Mit „butterweicher“ oder unnatürlich steifer Haltung, eingerollten Schultern, durchgestreckten Knie, Hohlkreuz etc. wird es schwierig, Standfestigkeit oder gar Autorität auszustrahlen.

Da Ihre Haltung nicht nur Ihre aktuelle Befindlichkeit unverzüglich wiedergibt, sondern auch das Gegenteil stimmt, haben wir über die interdisziplinäre

Fachrichtung Embodiment eine riesige, bisher zu wenig bekannte Chance bekommen: Durch eine Änderung unserer Haltung können wir augenblicklich unsere Stimmung und unsere Ausstrahlung zum Besseren entwickeln. Maja Storch beschreibt das Potential: Durch gezielten Einsatz unserer Skelettmuskulatur, die der willentlichen Kontrolle gut zugänglich ist, können wir unsere Emotionen beeinflussen, die der willentlichen Kontrolle normalerweise nur bedingt zugänglich sind.[1]

Durchsetzungsfähigkeit

Der Edle verneigt sich, aber beugt sich nicht. (Konfuzius)

Erwarten Sie in einem Buch, das sich einen Bezug zur Kampfkunst erlaubt Anregungen und Techniken, um im Wettbewerb stärker zu werden? Dieser Gedanke ist naheliegend, besonders wenn jemand die friedensstiftende Grundhaltung der meisten Kampfkünste noch nicht kennt. Dieser Gedanke ist auch völlig legitim, denn Wirtschaft ist Wettbewerb und zum Wohl des Unternehmens haben Sie eine tägliche Verpflichtung Stärke, Disziplin, Standfestigkeit zu zeigen um im Markt mindestens zu bestehen. Besser noch den Marktanteil auszuweiten, im Kampf gegen die Mitbewerber siegreich zu sein. Auch innerbetrieblich wünschen sich Entscheider häufig mehr Schlagkraft – mehr noch, wir erleben dass sich Teammitglieder von ihren Vorgesetzten mehr Durchsetzungskraft im Haus geradezu ersehnen. Denn schon SunTzu warnte: „Wenn du nachgiebig bist, jedoch unfähig deine Autorität durchzusetzen; freundlich im Herzen, jedoch unfähig deinen Befehlen Gehör zu verschaffen; und wenn du außerdem unfähig bist, aufkommende Unruhe zu unterdrücken, dann werden deine Soldaten verdorbenen Kindern ähneln."

Die Auswirkung schwacher Führung ist heute jedoch eher eine enorme Belastung für loyale Mitarbeiter als umgekehrt.

Welche Ermutigungen liefert die Kampfkunst also dieser Tugend eines Managers, seine Ziele auch gegen Widerstand zu verfolgen und zum Erfolg zu bringen? „Knallhart" schildern die Medien gerne Sanierer und andere im öffentlichen Licht stehende Persönlichkeiten der Wirtschaft. Weil die Leute das gerne mit einem leichten Schauer auf dem Rücken lesen. Damit landen wir jedoch wieder in einem Rollenspiel und bei scheinbar „unmenschlicher" Tech-

[1] Details dazu in Kap. 6, Embodiment, Storch, et al., Huber.

nokratie. Durchsetzung die frei von Gewaltanwendung funktioniert, kommt von innerer Stabilität und echter Autorität. Sie steht somit einer zierlichen Frau genauso zur Verfügung wie einem breitschultrigen Mann. Dieses Werk liefert Ihnen an zahlreichen Stellen Inspirationen wie Sie sich in die gewünschte Richtung selbst entfalten können. Denn damit schließt sich der Kreis zu Kampfkunst – das berühmte „Siegen ohne zu kämpfen" ist das ultimative Ziel und macht Streit überflüssig.

Deswegen – wenn Sie das Buch gerade deshalb erstanden haben, um einen Weg zu mehr Autorität zu gehen, Ihre Ziele deutlicher zu formulieren und durchzusetzen, sich von Kollegen klarer abzugrenzen o.ä. fassen wir einige Passagen kurz zusammen.

Innere Stärke kann niemand nur nachlesen – Sie brauchen ein Gefühl dafür, ein Erlebnis. Das beginnt mit Ihrer gerade erwähnten Körpersprache, denn ein Mensch der an seiner Ausstrahlung arbeitet, kann sie auf diesem Weg am schnellsten verbessern und entwickeln. Und wird sich in der Folge auch im Inneren als dauerhaft stabiler erleben.

Es geht weiter mit innerer Klarheit und Selbstentwicklung (Know Thyself): Wer bin ich, wer will ich werden und wofür stehe ich. Sind meine Ziele lohnend für mich selbst und die Beteiligten? Rollenklarheit reduziert Gedankenlärm und Selbstzweifel.

Und last but not least: die innere Erlaubnis **zu kämpfen**. Häufig ist heute eine Erziehung sehr üblich, die Aggression als natürlichen Impuls zu Wahrung eigener Interessen unterdrückt. Stattdessen werden Harmonie und Gutmenschentum als oberstes Prinzip glorifiziert. Das ist ehrenwert, bereitet uns allerdings viel zu wenig auf die Wirklichkeit vor. Wir erleben die eigenen Anliegen dann häufig als nachrangig oder haben buchstäblich Hemmungen uns zu artikulieren. Kampf um wert-volle Anliegen für den Bereich und das ganze Unternehmen ist jedoch unerlässlich für Führungskräfte und setzt Entwicklung in Gang. (Manchmal dient der Kampf auch nur der Abwehr von übermäßigen Ansprüchen aus anderen Bereichen.) Sie machen es Ihrem Team leichter loyal zu sein oder zu werden, wenn Sie situativ Ihr Kämpferherz zeigen. Besonders stark erleben wir in Seminaren diesen Kontext bei Frauen. Und geradezu erlösend folgt dann die Erfahrung eigener Kraftentfaltung bei Übungen, die der Kampfkunst nachempfunden sind. „Das bin ich? So eine Power habe ich?" formulierte eine weibliche Führungskraft aus München und erlebte ein Glücksgefühl über das neu entdeckte Potenzial.

Abb. 4.5 Loyalität bedeutet freiwillige Gefolgschaft – nicht Gehorsam

Sollte das Durchsetzen für Sie in der Vergangenheit eine eher ungewohnte Übung gewesen sein, haben Sie bitte Geduld mit sich. Veränderung ist immer möglich (Kap. 3) und braucht dennoch etwas Zeit.

Loyalität (Abb. 4.5)

Folgt man dem Duden (hier: Das Fremdwörterbuch), so bezeichnet man Loyalität im beruflichen Kontext als „Treue" zum Vorgesetzten. Der Begriff der Treue greift aus unserer Sicht an dieser Stelle nicht weit genug. Loyalität ist auch ein gegenseitiger Prozess, d.h. auch ich als Führungskraft muss meine Handlungen und Entscheidungen immer wieder dahingehend überprüfen, inwieweit ich loyal gegenüber meinen Mitarbeitenden agiere. Was ich dazu beitragen kann, die Loyalität meiner Mitarbeiter zu würdigen, zu stärken und sie als kostbares Gut und Kraftquelle zu betrachten. Synonym verwandt, kann ich Loyalität als gegenseitige Achtung unterschiedlicher Interessen im Führungsprozess betrachten. Sie ist eng verknüpft mit dem Gefühl der Zugehörigkeit, mit Wahrhaftigkeit, Integrität und Zuverlässigkeit.

Loyalität ist Ausdruck freiwilliger Gefolgschaft. Sie entsteht u. a. durch die Sinnhaftigkeit von Zielen, Maßnahmen und erlebtem Verhalten. Sie ist die Folge von glaubhafter und authentischer Führung. Sie ermöglicht Freiräume und

Kreativität, lässt eigene Sichtweisen zu, ja, fordert diese aktiv ein, um eine Perspektivenvielfalt zu ermöglichen und Ergebnisse abzusichern. Sie fördert (und fordert) selbständiges und selbstverantwortliches Denken und Handeln und führt zu mehr Effizienz und Effektivität im Unternehmensalltag.

Im Gegensatz dazu ist Gehorsam die logische Konsequenz von Führen über Druck, der mehr Aufwand durch zusätzliche Kontrollmaßnahmen notwendig macht, Energie und Kraft kostet. Mitdenken wird zum Risikofaktor, stattdessen ist die Kultur der Zusammenarbeit durch Anpassung und Absicherungstendenzen geprägt.

Das Dilemma in vielen Unternehmenskulturen: Loyalität und Gehorsam werden miteinander verwechselt. Man spricht von Loyalität, meint aber Gehorsam. Die Fähigkeit, Loyalität zu erzeugen (oder zu leben) setzt die innere Haltung voraus, Menschen nicht als beliebig austauschbare Ressource oder Funktionsträger zu betrachten.

Kennen Sie das? Sie werden in Ihrem Führungsalltag in einer Management-Kultur immer häufiger mit Ihrer inneren Zerrissenheit konfrontiert? Der Zerrissenheit zwischen Ihrem Bedürfnis nach Loyalität und dem Druck, Dinge anordnen, entscheiden oder umsetzen zu müssen, hinter denen Sie im schlimmsten Falle überhaupt nicht stehen. Dieser Kampf kostet Kraft. Diese innere Rebellion zwischen Ihren inneren Teammitgliedern (Stimmen, innere Dialoge) Angst, Gehorsam, Mut, Verantwortung etc. wird oftmals intrinsisch vollzogen, will heißen, man macht es mit sich selbst aus, statt den inneren Zwist nach außen zu tragen (wo er hingehört) und ihn zumindest einmal zu benennen, ohne gleich eine Lösung zu haben. Unsere Überzeugung ist, dass wir Menschen ein Grundbedürfnis nach Loyalität haben, das Streben, jemandem unsere Loyalität zukommen zu lassen einerseits, aber auch selbst loyales Verhalten zu erleben.

Es ist darüber hinaus eine Illusion, wenn ich als Führungskraft davon ausgehe, dass ich Loyalität vertraglich einfordern kann. Es ist ebenso eine Illusion zu glauben, dass ich Loyalität gratis bekomme. Loyalität müssen Sie sich als Führungskraft erarbeiten. Wie ignorant muss ich unterwegs sein, wenn ich – wie Herr Ackermann vor ein paar Jahren äußerte – die Meinung vertrete, dass man als Unternehmen auf die Loyalität seiner Mitarbeitenden verzichten kann? Wer diese Haltung verinnerlicht hat, der braucht mehr Macht, Kontrolle und Druck, um seine Ziele durchzusetzen. Man benötigt darüber hinaus Machtkartelle, die es zu pflegen gilt. Eine Kultur der gegenseitigen Abhängigkeiten entwickelt sich, man geht (bzw. muss gehen) halbherzige Deals ein und verliert auf diesem Wege seine Autorität, Unabhängigkeit und Souveränität.

Vertrauen und Loyalität

Loyalität ist die Währung, mit der Ihre Leute zurückzahlen, wenn sie erleben, dass Sie ihnen Vertrauen „schenken". Zuerst mag es Ihren Mut erfordern, eine gewisse Standfestigkeit auf der Basis von **Selbstvertrauen**. Wenn Sie sich in ihrem Bereich eine Atmosphäre von Vertrauen wünschen, ist der Weg allerdings alternativlos. Wir Menschen streben nach Ausgleich in unseren Beziehungen – wenn uns jemand vertraut, entsteht ein ganz natürliches Bedürfnis, korrekt mit diesem Vorschuss umzugehen. Wenn es sich um einen Vorgesetzten handelt, fühlen wir uns regelrecht verpflichtet, dem Anspruch gerecht zu werden, den das in uns gesetzte Vertrauen darstellt. Die Entfaltung von Motivation gedeiht leichter in einem so gestalteten Umfeld.

Verstärkt werden dieses wechselseitige Vertrauen und die sich daraus ergebende Loyalität noch durch das Erlebnis, dass Sie sich im Zweifel auch **vor Ihr Team** stellen. Zu oft erleben wir Hierarchiebrüche, respektlosen Durchgriff über die Führungsebenen hinweg auf Mitarbeiter. Um zu maßregeln, um Aufgaben zu verteilen – warum auch immer. Eigentlich ein selbstverständliches Tabu und doch Realität in einer Welt, die viel mit Macht zu tun hat, die nicht immer auf Grundlage von Werten ausgeübt wird. Die eigenen Leute schützen ist manchmal wenig opportun – nur zutiefst glaubwürdig ist es.

Disziplin (Abb. 4.6)

Eine der sog. Primärtugenden, die mit dem Standort Deutschland in Verbindung gebracht werden, ist die preußische Disziplin. Scheinbar selbstverständlich für uns und dennoch: Man ist überrascht, in welchem Maße sich dieser Wert, der ein Erfolgsfaktor deutscher Industriegeschichte war, aus dem Blickfeld geraten ist.

Die Karawane zieht weiter

Um auf unser Eingangsbild zurückzukommen: Was hat Disziplin mit einer Karawane zu tun? Wir nutzen dieses Beispiel gerne am Anfang eines Change-Prozesses. Stellen Sie sich vor, Sie sind Bewohner einer Wüstenoase. Sie stellen fest, in Ihrer Oase geht das Wasser zu Neige (bei John Kotter, Das Pinguin-Prinzip: Wie Veränderung zum Erfolg führt, wird der schmelzende Eisberg als Metapher genutzt). Es entsteht also eine Notwendigkeit zur Veränderung. In der ersten Phase des „Veränderungsprojektes" sind alle dazu eingeladen, Ihre Ideen, Impulse und Anregungen einzubringen. Ziel ist der Wechsel in eine an-

Abb. 4.6 Kreativität und Begeisterung sind Quellen für Neues. Disziplin ist die Voraussetzung für die Umsetzung

dere Oase mit ausreichend Wasser. Die Entscheidungsfreiheitsgrade sind groß, Alternativüberlegungen ausdrücklich erwünscht, ein kreatives Chaos Teil der Planung. Im nächsten Schritt gilt es, sich aus den evtl. zahlreichen Alternativen auf eine zu einigen bzw. für Sie als Führungskraft eine Entscheidung zu treffen und die Verantwortung dafür zu übernehmen. Dann beginnt die Planungsphase. Auch hier ist die Mitarbeit eines jeden Karawanen-Teilnehmers gefragt. Naturgemäß verringert sich nun in dieser Phase der Entscheidungsfreiheitsgrad, jeder ist aufgerufen, die notwendigen Vorbereitungen für sein „Kamel" zu tätigen. Die Anforderungen an die Disziplin wachsen, werden lebensnotwendig, um die Strapazen einer Wüstenwanderung gewachsen zu sein. Das Kamel muss genügend Wasser aufnehmen, richtig bepackt sein etc., Risiken vorgebeugt oder ausgeschlossen werden. Jeder Fehler jetzt kann tödlich enden. In dem Moment, wo sich die Karawane in Bewegung setzt, ist Disziplin Voraussetzung für das Überleben. Es gibt klare Regeln, eindeutige Rollen, Aufgaben und Befugnisse. Diskussionen über das Was, Wie, Warum etc. sind abgeschlossen, jeder weiß, was er oder sie zu tun hat und macht seinen Job. Im Notfall zieht die Karawane weiter, auf Einzelschicksale wird keine Rücksicht mehr genommen, um zu verhindern, dass alle ihr Ziel nicht erreichen. John Kotter beschreibt diese Phase in seinem Modell des Pinguin-Prinzips folgendenmaßen:

Regel 7: **Lassen Sie nicht nach.**

Drängen Sie nach den ersten Erfolgen noch eiliger und energischer voran. Setzen Sie beharrlich eine Veränderung nach der anderen um, bis die Zielvorstellung verwirklicht worden ist.

Wie würden Sie die Kultur in Ihrem Unternehmen bezogen auf den Wert Disziplin beurteilen? Wie ausgewogen ist das Verhältnis von Freiraum und Disziplin?

Disziplin vs. Flexibilität und Kreativität

Um innovativ sein zu können, braucht es Inspiration, Kreativität und Leidenschaft im Vorfeld, Engagement, Teamgeist, Zielstrebigkeit und Disziplin in der Umsetzung. Verantwortlich dafür sind alle Beteiligten, im Wesentlichen aber Entscheider, Führungskräfte oder andere Schlüsselfunktionen (wie Projektleiter, Prozessverantwortliche etc.). Umso erstaunlicher, wie flexibel man mit Vereinbarungen jeglicher Art umgeht. Es ist auch eine Frage der Disziplin, wie verbindlich z. B. ein Projektmanagementverfahren genutzt wird, in welchem Maße man sich verpflichtet fühlt, ein gemeinsam erarbeitetes Grundverständnis, unter viel Zeit- und Geldaufwand erstellte Führungskräfteleitlinien zum Fundament seines eigenen Handelns macht. Terminvereinbarungen werden zu groben Richtgrößen, Überziehungen zur Normalität, die Disziplin muss der Beliebigkeit und der Willkür weichen. Populäre und kostenintensive Großprojekte stehen derzeit spektakulär als Beispiel zur Verfügung (Flughafen Berlin). Projektmanagement z. B. funktioniert nur, wenn man bereit ist, die Organisationsformen und Tools effizient zu nutzen. Unsere Erfahrung damit: Oft werden solche Verfahren mit großem Aufwand eingeführt, um im Anschluss die notwendigen Rahmenbedingungen in Frage zu stellen, sich nicht darauf einlassen können, loszulassen, immer wieder die Zweckfrage zu stellen und dafür Sorge tragen, dass die Effizienz solcher Methoden dem Unternehmensalltag geopfert wird. Man kann sich daran orientieren, man muss aber nicht. Haben sich solche Verhaltensmuster einmal eingeschlichen, tolerieren Führungskräfte die Ignoranz von Vereinbarungen oder sind sie selbst Akteure in diesem

Spiel, entstehen auch hier wieder dysfunktionale Spielregeln, die sich nicht nur terminlich, kostenmäßig sondern auch kulturell auswirken.

Disziplin und Meeting-Kultur

Wie würden Sie Ihre z. B. auch Ihre Meeting-Kultur beschreiben? Vermutlich wird die eine oder andere der nachfolgenden Fragen auch für Sie nachvollziehbar sein. Die Disziplinlosigkeit zeichnet sich meist bereits im Vorfeld ab: Kennen alle Beteiligten Themen und Ziele des Meetings, werden notwendige Unterlagen rechtzeitig zur Verfügung gestellt? Es geht weiter mit scheinbar so banalen Dingen wie der Pünktlichkeit bezüglich Anfang und Ende, welche Themen werden besprochen, welche immer wieder sanktionsfrei verschoben? Wer kommt vorbereitet und wer beginnt erst damit, wenn man bereits ins Thema einsteigt? Wer fühlte sich verpflichtet, die im vorausgegangenen Meeting vereinbarten Maßnahmen und Aktivitäten tatsächlich zu erledigen, wer nutzt erst das Meeting dazu, den anderen mitzuteilen, dass man leider nicht dazu gekommen ist? Wer checkt im Laufe des Meetings seine letzten Mails und beantwortet diese dann auch gleich – eine gute Gelegenheit, weil man vorher nicht dazu gekommen ist. Wie oft wird der Zweck des Meetings überprüft, wer nutzt sie für bilaterale Fragestellungen und blockiert damit alle anderen? Wer muss am Meeting teilnehmen, wer nicht? Wie gehen Sie mit Menschen um, die ein Meeting immer wieder zur persönlichen Bühne nutzen? Wie werden die Ergebnisse des Meetings dokumentiert und kommuniziert? Die Frage, die sich jede Führungskraft, jeder Manager, jeder Projektleiter, jeder, der verantwortlich ein Meeting leitet oder moderiert, stellen muss: Bin ich in diesem Kontext Opfer oder Täter? Nehme ich es hin oder interveniere ich? Bin ich ein Teil von Problemlösung oder ein Teil des Problems? Kann ich es verantworten, dass Meetings viel Geld und Zeit kosten, Aufwand und Nutzen aber in keinem angemessenen Verhältnis zueinander stehen? Wie wohltuend ist es für (fast) alle Betroffenen, wenn eine verantwortliche Führungskraft – wie passiert – bei der Feststellung am Beginn einer Besprechung, dass einige Personen noch nicht anwesend sind, andere nach Erklärungen suchen, warum sie die ihnen zugeordneten Aktivitäten nicht erledigen konnten, einfach aufsteht, das Meeting beendet und darauf hinweist, dass er beim nächsten Mal davon ausgeht, dass dies eine einmalige Situation war (und entsprechend konsequent handelt). Wie viel kostbare Arbeitszeit verbringen wir aus mangelnder Bereitschaft zur Disziplin in ineffizienten und ineffektiven Meetings?

Disziplin und Fokussierung

Lassen Sie uns beim Thema Disziplin im Kontext Fokussierung erneut auf ein Beispiel aus der Kampfkunst zurückkommen. Wir probieren es aus im Rahmen unserer Seminare, allerdings in einem kleineren Umfang: Zum Ende lassen wir alle Teilnehmer, zumindest diejenigen, die es wollen, ein Brett zertrümmern. Im größeren Stil haben Sie das alle vermutlich schon mal gesehen, dass Karate-Kämpfer Ziegelsteine mit der Faust durchschlagen. Um diesen Effekt zu erzielen, benötigen Sie eine Unzahl von Trainingseinheiten. Sie müssen lernen, sich zu disziplinieren und – fokussieren. Was darüber hinaus noch mental wichtig ist: Das Ziel ist dabei nicht der Ziegel, das Ziel ist ein Punkt dahinter. Nur dann gelingt es, Ihre Energie und Kraft „auf den Punkt" zu bringen. Im übertragenen Sinne werden Sie das in diesem Buch immer wieder finden: den Unterschied zwischen Ziel und Zweck (konkrete Ergebnisse vs. dahinterliegende(r) Absicht/Nutzen/Sinnhaftigkeit). Diese Fokussierung ist heute in vielen Unternehmen kaum noch möglich. Die Ablenkung ist überall, sei es durch eine Flut von (respektlosen, unsinnigen und nur der eigenen Absicherung dienenden) Emails, sei es durch Meeting-Tourismus, das fremdbestimmte Einstellen von Terminen in Ihren digitalen Kalender oder permanenten Prioritäten-Wechsel. Da nutzt kein Zeitmanagement-Seminar. Das ist eine Frage der Unternehmenskultur, der inneren Haltung und des persönlichen Mutes, sich gegen permanente Störungen und Ablenkungsmanöver abzugrenzen. Die Freiräume für störungsfreie Zeiten, um fokussiert, konzentriert und diszipliniert arbeiten zu können, muss man sich oft hart erkämpfen. Viele weichen notgedrungen aus auf die Zeiten vor dem allgemeinen Arbeitsbeginn oder danach – und schon sind Sie drin, im Rad.

Demut (Abb. 4.7)

> Als ich mich selbst zu lieben begann, habe ich aufgehört, immer Recht haben zu wollen, so habe ich mich weniger geirrt. Heute habe ich erkannt: Das nennt man Demut. (Charlie Chaplin)

Wer in den letzten Jahren aufmerksam die Inhalte zum Thema Führung und Management in Presse und Medien verfolgt hat, wird möglicherweise – ähnlich wie es uns ergangen ist – häufiger auf den Begriff der Demut gestoßen sein. *„Nun soll Paul Achleitner den Aufsichtsrat der Deutschen Bank führen. Er hat alles, was man dafür braucht. Sogar Demut."* (Petersdorff von, 20.11.2011).

Abb. 4.7 Demut vor der eigenen Macht erhöht die Wahrnehmungsfähigkeit

Wie viel Demut verträgt, wie viel Demut verlangt Führung? Dazu möchten wir im Vorfeld kurz definieren, was wir innerhalb unseres Wertekanons mit diesem Begriff in Verbindung bringen.

Der Ausdruck Demut kommt aus dem althochdeutschen diomuoti („dienstwillig", also eigentlich „Gesinnung eines Dienenden"). Im Allgemeinen versteht man darunter eine vor allem religiös geprägte Geisteshaltung, bei der sich der Mensch in Erkenntnis der eigenen Unvollkommenheit dem göttlichen Willen unterwirft. In unseren Diskussionen und Recherchen stießen wir beim Wort „Demut" (neben dem Bezug zur asiatischen Kampfkunst) schnell auf Baldur Kirchner, Philosoph, Theologe und Philologie. Sein Werk „Benedikt für Manager" ist 1994 erschienen, hat aber an einigen Stellen seine Aktualität nicht nur nicht verloren, sondern ganz im Gegenteil, seine Bedeutsamkeit wächst mit zunehmendem Egoismus unserer heutigen Gesellschaft. Es wird ein Vergleich hergestellt zwischen den christlichen Wurzeln des Begriffes, der damit verbunden, inneren Haltung und der erlebten Führungskultur in den Unternehmen und Organisationen.

Manche setzen das Wort synonym für Bescheidenheit und werten es in einem abschätzenden oder verkleinernden Sinne (Kirchner 1994). Bescheidenheit aber zu verstehen als die Fähigkeit, Führung u. a. auch als dienende Haltung zu leben, das ist die hohe Kunst in der Führung. Aus Maßlosigkeit und Gier hat sich auch gesellschaftlich eine soziale Arroganz entwickelt, die den Begriff der Bescheidenheit pervertiert.

Es ist heute keine Seltenheit mehr, dass bei der Neubesetzung von Management-Positionen damit geworben wird, dem persönlichen Ego etwas Gutes zu tun, indem man einen schicken Dienstwagen erhält, wie die Kollegen aus vergleichbaren Ebenen. Das nutzt dem Zugehörigkeitsgefühl und stellt gleichzeitig eine Verstrickung dar, die das Risiko in sich birgt, die individuelle/persönliche Unabhängigkeit zu verlieren. Demut bedeutet also auch, unabhängig zu sein vom eigenen Vorteil, ein zweckfreies Engagement leben zu können.

Wirkliche Demut kann aber nur derjenige leben, der über ein stabiles Selbstwertgefühl verfügt. Menschen, die grundsätzlich ihre eigenen Interessen hinten anstellen, die sich auf-opfern, deren Bescheidenheit ins Unermessliche geht, sind nicht demütig, sondern fühlen sich eher wert-los. Sie haben gelernt, dass ihre Bedürfnisse keinen Platz haben und das Problem ist oft älter, als ihre berufliche Lebenszeit. Im Führungsalltag sind das die Menschen, die sich eher schützend vor ihre Mitarbeitenden stellen, die als ausgesprochen nette und liebe Kollegen, nicht jedoch als wirkliche Führungskräfte erlebt werden. Es ist ihnen ein Anliegen, es den Menschen recht zu machen, sie streben den Konsens an, vermeiden Entscheidungen, wenn sie das Gefühl haben, die Interessen anderer damit zu missachten. Sie erlauben es sich nicht, sich deutlich zu positionieren, da – wo nötig – eindeutige Grenzen zu setzen und werden damit zum Spielball der Mächtigen. Auch für die Mitarbeiter ist diese Situation oft mehr ein Grund zur Unzufriedenheit und sorgt für heftige Irritationen im Hinblick auf ihre Loyalität gegenüber ihrer Führungskraft. In Coaching-Prozessen bezeichnen diese Klienten ihre Motive dafür als ihr Wunsch nach Team-Orientierung. In diesem Kontext müssen wir den Begriff der Team-Orientierung überprüfen. Teamorientierung im Sinne von Achtsamkeit, der Fähigkeit, die Interessenslage des Gegenübers zu erkunden, der Bereitschaft, Menschen in einem anstehenden Veränderungsprozess mitzunehmen, in dem ich sie beteilige, wenn das mit Team-Orientierung gemeint ist, dann entspricht es einer werteorientierten Führung. Wenn damit aber ein basisdemokratischer Führungsprozess angestrebt wird, dadurch notwendige Entscheidungen einem langwierigen Abstimmungs- und Überzeugungsprozess ausgeliefert sind, dann hat das weniger mit einer gesunden Form der Demut, noch mit klarer Führung zu tun. Dann ist es das unbedingte Streben nach Harmonie und der Wunsch, es allen recht machen zu wollen.

Demut zu verstehen als Gegenpol von Narzissmus

Wo verläuft die Grenze zwischen gesundem Fokus auf eigene Bedürfnisse (Ich achte auf mich, schütze meine Grenzen und verfolge meine Ziele) und Narzissmus (Ich stelle meine persönlichen Ziele über die des Unternehmens, der Mitarbeiter und Kollegen)? Oft schwer auszumachen und doch erkennbar, wenn Sie genauer beobachten. Ein echter Narzisst erkennt und versteht Ihre Gefühle und nützt sie für sich. Er weiß, wo er Sie packen kann damit Sie für das was ihm dienlich erscheint „durchs Feuer gehen". Von einem Narzissten, der charmant und jovial unser Vertrauen gewinnt, lassen wir uns gerne übervorteilen – bis wir spät merken, dass wir nur eine kleine Sprosse auf seiner Karriereleiter waren. Erst wenn er/sie auf dem Weg nach oben auf uns drauf getreten ist und wir dann schnell vergessen sind. Da diese Persönlichkeitsstruktur oft überdurchschnittlich erfolgreich erscheint, haben wir unter uns vermutlich etliche Nachahmer.

> Der Edle schämt sich, wenn er in seinen Worten seine Taten übertrifft. (Konfuzius)

Narzissten sprechen i. A. extrem gerne von sich selbst, von Ihren Erfolgen und Leistungen, sie vertragen keinerlei Kritik resp. nehmen diese prinzipiell persönlich – kurz sie fallen auf. Sie verkaufen brillante Ideen Ihrer Teammitglieder als ihre eigenen (und finden darauf angesprochen schnell ein Begründung), sie erdulden nur mühsam fremde Götter neben sich. Wie im Zitat von A. Schnitzler angedeutet, ist aus Sicht der Psychologie Narzissmus häufig die ins Extrem gehende Kompensation für eine durch frühe Ereignisse schwer getroffene Persönlichkeit. Damit ist eigentlich alles gesagt außer: Warum nur sind sie so oft erfolgreich und landen weit oben in der Hierarchie?

> Es gelte in der Politik die Balance zwischen Eitelkeit und Demut zu halten. Gefährlich werde es immer dann, wenn die Eitelkeit über die Demut herrscht. (Annette Schavan, Auszug aus einer Rede zur Verabschiedung des Präsidenten der Deutschen Forschungsgemeinschaft im Dezember 2012)

Wie oft begegnen uns „Narzissten im Olymp", Manager, die die Fähigkeit verloren haben, sich zu schämen. Positiv ausgedrückt bedeutet Demut also das Zurückzunehmen egoistischer Interessen gegenüber einer Gemeinschaft und dient der Überwindung des eigenen Narzissmus. Demut ist die innere Größe, den manchmal durchschimmernden Größenwahn handelnder Personen auf eine gute – dem Sinn und Zweck des Unternehmens entsprechende Art und Weise – zurückzunehmen.

Demut statt Bereichs-Egoismus

Schwerpunkte unserer Beratungstätigkeit sind in der Regel anstehende Veränderungsprozesse wie Restrukturierungsmaßnahmen, die Gestaltung von Zukunftsprozessen, Nachfolgesituationen etc. , aber auch – und das mit zunehmender Tendenz – Konfliktinterventionen, wobei wir hier den Fokus auf bereichs- bzw. abteilungs- oder gruppenübergreifende Konflikte legen. Die Belohnungssysteme in den Organisationen und Unternehmen zielen in der Regel darauf ab, dass Boni-Zahlungen oder anderweitige Anerkennungen sich am Ergebnis eines abgegrenzten Verantwortungsbereiches orientieren. Egoismus wird – gewollt oder ungewollt – systemisch und systematisch unterstützt, Eigeninteresse geht vor Gesamtinteresse. Oder – für die Beteiligten noch bedeutsamer – die eigenen Bedürfnisse sind zu schützen vor berechtigten oder unberechtigten Begehrlichkeiten des angrenzenden Bereiches. Durch diese – meist machtgetriebenen – Scharmützel geht so unendlich viel Energie verloren, dass es den außenstehenden Betrachter oft wundert, dass nicht allein der gesunde Menschenverstand dafür sorgt, dass diesen dysfunktionalen und teuren (allerdings nicht quantifizierten) Verhaltensmustern ein Ende gesetzt wird. Hier ist Demut schlichtweg eine wichtige, unternehmerische Haltung, eigene Interessen oder Vorteile zugunsten des Gesamtsystems aufzugeben.

Die Schwierigkeit liegt darin, aus diesem „Spiel" auszusteigen, sich zu überwinden, in Vorlage zu treten mit ungewissem Ausgang. Dafür braucht es stabile, unabhängige und souveräne Persönlichkeiten, Menschen, die mit innerer Autorität ausgestattet sind und nicht ihren Selbstwert über äußere Macht definieren. Insofern ist Demut nicht zu verwechseln mit Unterwürfigkeit. Es ist ein Potenzial, dass im Führungsalltag leider häufig untergeht oder missverstanden wird. In der Regel ist es auch nicht Bestandteil von Assessmentcentern, Führungskräfteentwicklungssystemen o. ä.

Demut gegenüber den eigenen Machtbefugnissen – Führung als dienende Haltung

Wer kennt nicht die Diskussionen in Organisation, wenn es um interne Dienstleistungen geht – heute oft als „Support-Leistung“ definiert. Schon das Wort „dienen“ erweckt in vielen das Gefühl von erzwungener Unterwürfigkeit und potenzieller Verliererposition. Im Dienen erlebt eine Führungs-Kraft mit einem gut ausgestatteten Selbstwert allerdings keinen Verlust seines Ansehens.

> Es ist erstaunlich, was du alles erreichen kannst, wenn es dir egal ist, wer die Anerkennung dafür erntet! (Paul Achleitner, FAS November 2012)

Führungskräfte, denen es egal ist, wer statt ihrer Anerkennung erfährt, wachsen in ihrer Glaubwürdigkeit. Sie werden meist von ihren Mitarbeitenden respektiert, weil sie eine Kultur vorleben, die nicht von Eigennutz dominiert wird. Das wiederum hat Auswirkungen auf die Loyalität, die Geführte in der Beziehung zu ihren Führungskräften entwickeln können, Kirchner bezeichnet dies als „freiwillige Anerkennung“.

Dienen ist gekoppelt an die Beachtung der Perspektiven und Bedürfnisse anderer, aber auch an „die Sache“, die Ziele, die es zu erreichen gilt. Anders ausgedrückt, die Positionsmacht, die ich als FK habe, nicht für die eigenen Interessen einzusetzen und zu nutzen, sondern für ein oder mehrere übergeordnete Ziele. Demut zu leben ist in diesem Sinne ein Zeichen von Stärke und Demut gegenüber den eigenen Machtbefugnissen.

Demut vor den eigenen (Leistungs –)Grenzen

Als Karōshi (Tod durch Überarbeiten) bezeichnet man in Japan einen plötzlichen berufsbezogenen Tod. Etwa 40 japanische Kliniken haben sich bereits auf Karōshi-gefährdete Fälle spezialisiert (Wikipedia)!

Im August 2013 wurden wir auf schreckliche Art und Weise mit diesem Phänomen konfrontiert. Den Medien zufolge hatte ein 21-jähriger Praktikant aus Deutschland tagelang quasi durchgearbeitet, bis er schließlich tot aufgefunden wurde. Es warf ein trübes Licht auf die Arbeitsbedingungen in der Londoner Bankenbranche.

Was treibt uns an, derart über unsere eigenen Grenzen zu gehen, den Bezug zur eigenen Leistungsfähigkeit zu verlieren? Im modernen Management-Vokabular bezeichnen wir das als Workaholic-Syndrom, in anderen Fällen ist es ein kaum auszuhaltender Druck, die Angst zu versagen. Hier sind speziell auch „Überzeugungstäter“ potenziell gefährdet, Menschen mit überdurchschnittlichen Fähigkeiten. Aus einer Tugend und Kraftquelle wird eine höchst gefährliche Waffe gegen mich selbst. Wer „im Flow“ ist oder wer massiv unter Druck steht, läuft Gefahr, den Kontakt zu sich selbst zu verlieren.

Fazit Werte

Werte sind kein „Muss“, eher eine Selbstverständlichkeit. Sie stellen eine Option dar, um menschengerechtes Verhalten in anonymen Organisationen zu unterstützen. Sie stehen niemals für den moralinsauren Zeigefinger eines falsch verstandenen Gutmenschentums. Sie bekommen Sinnhaftigkeit, wenn sie wie in der Kampfkunst gleich einer Tonspur im Hintergrund mitlaufen. Auch im Dojo wird nicht täglich darüber gesprochen – es ist jedem zu jeder Zeit völlig klar, dass gewisse Werte Gültigkeit haben.

Sobald Werte ständig kommuniziert werden, weil es nötig scheint, verlieren sie an Wertigkeit. Es gilt dann das Wort von Tacitus: „Im verdorbensten Staat gibt es die meisten Gesetze.“

5 Wenn der Meister führt

Um was geht es uns, was hat uns bewogen, eine jahrtausendealte Philosophie aus einem anderen Kulturkreis als Inspiration für ein modernes Führungsverhalten zu nutzen oder zurate zu ziehen?

In der beschriebenen hektischen, teilweise oberflächlichen und an kurzfristigen Kostenzielen orientierten Unternehmenswelt ist mittlerweile ein kaum auszuhaltender Druck auf alle Beteiligten entstanden. Narzissmus, Egoismus, sich ständig ändernde Prioritäten machen uns atemlos. Immer mehr Manager mutieren zu Autisten und agieren ohne Rückkoppelung an die operative Ebene.

In diesem Umfeld erscheint es uns als erstrebenswert, alte „Weisheiten", die – wenn man sich intensiv mit ihnen auseinandersetzt – niemals an Aktualität verloren haben, als Reflexions- und Orientierungshilfe für Führungskräfte anzubieten. Einen Weg aufzuzeigen, der es ermöglicht, sich zum Weisen in der Führung zu entwickeln.

> Nahezu revolutionär ist Laozi's Auffassung, dass man die Welt nicht besitzen kann. Die Akteure sind nicht die Herren des Lebensspiels. Sie sind ein – trotz mancher Omnipotenzhaltungen – höchst verletzlicher Teil, der pfleglich mit seinen Kräften umgehen sollte. (Auszüge aus Daodejing, Rainald Simon)

Werteorientierte Führung und Selbstführung

Die Frage ist also: Welche Werte mache ich mir als Führungskraft zukünftig zu eigen als Kraftquelle und Triebfeder meiner inneren Haltung? Welche Werte sind für mich wirklich bedeutsam? Diese innere Haltung ist verantwortlich

DOI 10.1007/978-3-658-04332-2_5, © Springer Fachmedien Wiesbaden 2014

dafür, worauf ich bei mir und in meinem sozialen Umfeld achte, wo ich meine Schwerpunkte setzte, an welchen Stellen ich Sensibilität entwickle.

In einem Unternehmen sorgt der gemeinsame „Geist" dafür (die sog. Unternehmenskultur), welche innere Haltung Menschen im Rahmen dieses Geistes entwickeln können. Was z. B. bei uns während der Finanzkrise dazu geführt hat, dass die Banken kollabiert sind, war auch eine Frage der Haltung. Diese Haltung hieß „Gier" und der Geist, der darüber schwebte, der hieß Profit (Hüther).

Dies ist uns bei der weiteren Betrachtung ein großes Anliegen: Führung ist kein selbstloser Prozess. Wer bei dem Thema werteorientierte Führung sich selbst und seine eigene innere Haltung außer Acht lässt, wird nicht als authentisch erlebt werden und es schwer haben, Glaubwürdigkeit herzustellen. Werte geben uns Orientierung. Wer sie verinnerlicht, wer sie zur Grundlage seines Denkens und Handelns macht, der kann sich zum Meister in der Führung entwickeln. In der asiatischen Kampfkunst ist der Meistergrad der „Schwarzgurt". Jeder Schwarzgurt ist ab diesem Zeitpunkt zwar ein Dan-Träger, aber seine Entwicklung geht ein Leben lang weiter. Ein Dan-Träger agiert als Vorbild und weiß ob dieser Verantwortung. Er ist sich bewusst, welche Auswirkungen sein Tun und Handeln auf andere hat. Und er ist sich auch bewusst, dass diese Entwicklung in seinem Leben nicht aufhört, sondern ein immer wieder kehrender Prozess der Selbstreflexion ist.

Führungskräfte auf dem Weg zur Meisterschaft können sich also als Repräsentanten und Botschafter von Werten verstehen. Sie können sich immer wieder die Frage stellen: „Wie gelingt es mir, in der Führung eine Sogwirkung zu entwickeln, statt den Druck zu erhöhen?" Führung über Druck heißt, Ressourcen auszunutzen und „auszupeitschen", Wer es vorzieht, über Druck zu führen, für den gilt das schöne, türkische Sprichwort

> Wer den Esel vor sich hertreibt, muss seinen Furz ertragen.

In einer „Ressourcennutzungskultur" (Hüther) hat man nicht gelernt, an den Einstellungen der Menschen etwas zu verändern. Im Gegenteil, es interessiert nicht.

Führung über Sog heißt, Potenziale zu erkennen und/oder freizusetzen. Führungskräfte müssen Menschen im Idealfall an ihren Sehnsüchten erwischen – auch sich selbst. Menschen, die innerlich und äußerlich ihrer Sehnsucht folgen, sind in der Regel „Überzeugungstäter". Wer von Ihnen hat es schon erlebt, wie authentisch, glaubwürdig und mitreißend jemand wirkt, der von seiner Idee „beseelt" ist, eine Vision konsequent verfolgt, unabhängig vom Applaus anderer? Welche Kraft geht von ihnen aus? Als Führungskraft brauchen sie sich dann in der Regel keine Gedanken über die Loyalität ihrer Mitarbeitenden machen. Diesen Menschen folgt man freiwillig, auch wenn die Wegstrecke gelegentlich steinig ist und Hindernisse aufweist.

Motive oder Gründe, Führungskraft zu werden

Was war das Motiv für Sie, Führungskraft zu werden? War es der Wunsch, Ihrer Vision zu folgen, Dinge verantwortlich gestalten zu können, den notwendigen Einfluss zu haben, dies auch umzusetzen? War es der unbedingte Wille und die Bereitschaft, Verantwortung zu übernehmen, der Mut, sich nach vorne zu stellen und Menschen Orientierung zu geben? War es also eine bewusste Entscheidung **für** eine Führungsfunktion?

Oder ist/war es eher

- die Sehnsucht nach gesellschaftlicher Anerkennung
- die Sorge um die eigene Wichtigkeit
- die ausgesprochenen oder heimlichen (gelegentlich auch unheimlichen) Erwartungen aus dem privaten oder beruflichen Umfeld
- ein tief verwurzeltes Pflichtgefühl
- der Wunsch nach materiellem Wohlstand
- das Resultat eines Angebots, dass Sie nicht ablehnen konnten (oder sich nicht getraut haben)
- das Ergebnis einer Illusion, dass eine brillante Fachkraft zwangsläufig auch eine brillante Führungskraft sein muss
- Zufall?

Insofern könnte dieses Buch zur Folge haben, dass Sie die Entdeckung machen, dass Ihre Meisterschaft **nicht** in der Übernahme einer Führungsfunktion besteht, dass Ihre Potenziale möglicherweise in eine ganz andere Richtung gehen. Dass Sie Ihre ganze Kraft und Energie benötigen, etwas zu tun, was Sie eigentlich nicht wollen. Wir möchten dabei nicht ignorieren oder verhehlen, dass die Kultur in vielen Organisationen es einem auch kaum ermöglicht, auf Basis dieser reifen Erkenntnis sanktionsfrei und ohne Gesichtsverlust wieder in eine andere Funktion zu wechseln. In der Regel wird das als „ein Schritt zurück ins Glied" erlebt – also Rückschritt, statt Fortschritt auf Basis von Erfahrung. Wer will das schon? Die Scham hindert uns daran, im wahrsten Sinne des Wortes „selbst-bewusst" (ich bin mir meiner eigenen Möglichkeiten und Grenzen selbst bewusst) Dinge zu tun, die ich will und kann, meiner Leidenschaft zu folgen.

Modernes Arbeiten: Beschleunigung oder Zeitvernichtung im großen Stil?

Aus dem Blick gerät allerdings der Umstand, dass die Optimierung von Leistung durch die konstante Beschleunigung längst zum Hamsterrad permanenter Ablenkung und damit permanenter Neufokussierung geworden ist. Beschleunigung verkommt oft genug zur Lachnummer, für den der Muße hat die Situation abgeklärt zu analysieren.

Bei der Aufgabe sich selbst zu Führen gewinnt der Begriff der Selbst-Beherrschung in der Beschleunigungs-Gesellschaft eine neue Qualität. Ihr kommt gewissermaßen eine zentrale Aufgabe in der Qualitätssicherung beruflichen Handelns zu: Die Affektkontrolle bei der bisher unkontrollierten, fast suchtartigen Reaktion auf jeden Impuls, jeden Signalton einer Mail oder SMS, jedes Vibrieren des Smartphones, jeder sonstigen Ablenkung von der gerade aktuellen Tätigkeit bis hin zur Einberufung unnötiger Meetings, bei denen die wichtigsten Teilnehmer dann meist durch Abwesenheit glänzen. Sogenanntes Multitasking verdammt zu Oberflächlichkeit, ist als menschlicher Anspruch allgegenwärtig und als menschliche Leistung längstens widerlegt. Byung-Chul Han hat diesen Arbeitsstil demaskiert als den Betriebsmodus der Beutetiere in freier Wildbahn, die tatsächlich lieber einmal schnell dem Impuls eines Geräusches folgen sollten, wenn lebensbedrohliche Gefahr im Verzug sein könnte.

Für die Führungskraft in der spät-modernen Arbeitsgesellschaft wird Selbst-Beherrschung zum Einstieg, sich auf die nötige innere Autorität zu besinnen und in erster Linie sich selbst zu folgen – nämlich eigener Klugheit und Gelassenheit. So entsteht wieder die unerlässliche Ruhe für strategische Aufgaben, sowie die nötige Präsenz für echte Führungsaufgaben – auf die Mitarbeiter Anspruch haben.

Präsenz

> Die eigene Präsenz ist das größte Geschenk das ein Mensch einem anderen machen kann. (Thich Nath Hanh)

Achtsamkeit – ein strapaziertes Wort unserer Tage. Vielfach vereinnahmt und völlig missinterpretiert im Bereich von Esoterik und Gutmenschentum bedeutet es im Ursprung nicht weniger als den völligen Fokus auf das hier und jetzt, genau diesen einen Moment. Die Voraussetzung für echte Gegenwärtigkeit. Wie ein ruhiger See nachts den Mond spiegelt: Sobald sich eine Wolke vor den Mond schiebt, gibt die klare Oberfläche des Wassers dies ohne Verzögerung wieder – und bleibt doch selbst unverändert. So kann eine präsente Führungskraft Veränderungen oder Turbulenzen als Einladung zur Handlung wahrnehmen und nach Bedarf darauf reagieren, ohne sich selbst in irgendeiner Weise von ihrer Authentizität zu entfernen.

Mit ununterbrochenem Gedankenlärm verhindern wir unsere Präsenz, das ist Teil der aktuellen Normalität. Wir diskutieren im Geist mit einem Kollegen, den wir überzeugen wollen oder wir bedienen auf andere Art unser inneres Publikum. Wir grübeln im Arbeitsgedächtnis über verschiedene To Dos, hören halbherzig dem Mitarbeiter zu und checken gleichzeitig Mails. Viele Menschen in unserer Kultur machen alles gleichzeitig und alles nur halb, sie wirken wie lauwarmes Badewasser.

Anschaulich beschreibt eine bekannte Parabel aus dem Zen die Situation:

Klarheit durch den Fokus auf die Gegenwart

Ein vielbeschäftigter Meister wurde von seinen Schülern gefragt:

Wie schaffen Sie es, bei aller Arbeit so viel Ruhe auszustrahlen?
Er antwortete: Wenn ich stehe, dann stehe ich,
wenn ich sitze, dann sitze ich,
wenn ich gehe, dann gehe ich
wenn ich esse, dann esse ich….
Seine Schüler wunderten sich und auch weil sie glaubten der Meister habe sich vielleicht nur einen Scherz mit ihnen erlaubt, fragten sie ihn erneut.
Und er antwortete:
Wenn ich stehe, dann stehe ich,
wenn ich sitze, dann sitze ich,

wenn ich gehe, dann gehe ich
wenn ich esse, dann esse ich....

Nun fielen sie ihm ungeduldig ins Wort und riefen „Das machen wir doch auch, wo ist denn der Unterschied?"

Lächelnd erklärte er ihnen: Wenn ihr sitzt, dann steht ihr schon,
wenn ihr steht, dann lauft ihr schon
wenn ihr lauft seid ihr schon im Ziel.

Ein Mangel an Präsenz ist immer auch ein Mangel an Führung. Sicher eine der schwersten Übungen in der Kampfkunst wie im Leben, ist für die meisten von uns das Erlernen von echter Präsenz. Ablenkung ist der erlebte Horror unserer Zeit.

Beobachten können wir diese Gegenwärtigkeit meist nur abseits unserer Arbeitswelt: Spielen Sie mit einem kleinen Kind oder einem Hund und Sie können bei beiden den perfekten Fokus auf das hier und jetzt entdecken. Mit beiden können Sie nicht über morgen oder gestern diskutieren, für beide existiert nur der Moment – und der Ball, den Sie vielleicht dabei in den Händen halten. Beide sind präsent – und wenden sich ganz dem zu, was sie gerade tun. Ganz! Offensichtlich ist diese Eigenschaft in uns angelegt und wir haben vermutlich hart daran gearbeitet sie zu verlernen.

Beobachten oder beschreiben Sie für sich „charismatische" Menschen. Was Ihnen auffallen wird ist vermutlich ein hohes Maß an Präsenz. Folgerichtig kann eine Einladung zur Selbstführung lauten genau hier übend anzusetzen. Was Ihnen hilft ist die Erkenntnis, dass jeder von uns in seinem Leben schon völlig präsent war, ganz im Augenblick und sich voll und ganz auf die jetzt wichtigste Tätigkeit konzentriert hat, sich einer Sache ganz zugewandt hat (auch körperlich). Was wir schon einmal beherrscht haben, können wir uns umso schneller wieder aneignen.

Think of your life as a house,
with a bedroom for your personal life,
a study for your professional life,
a family room for your family,
and a living room to share with your friends.
Can you knock down the walls between these rooms and be
the same person in each of them?
(Bill George, Peter Sims, Andrew N. McLean and Diana Mayer, Harvard Business Review)

Angst

Es gibt emotionale Zustände, die in einer Welt der Zahlen-Daten-Fakten völlig tabu sind. Zwar gibt es Untersuchungen, die belegen, dass die Mehrzahl der europäischen Führungskräfte regelmäßig mit Ängsten kämpft. Nur wird es kaum jemand zugeben. Zur Erläuterung: Angst ist eine Vorstellung der eigenen Phantasie über die Zukunft. Man fürchtet, dass bestimmte Ereignisse eintreten. Diese Angst kann eine vernünftige Vorsichtsmaßnahme sein. Sie kann aber auch dazu führen, dass notwendige Entscheidungen nicht gefällt, die Aufmerksamkeit nicht mehr im Hier und Jetzt ist, sondern in einer konstruierten Zukunft.

Wir haben bereits davor Angst, zu unserer Angst zu stehen. Die unbewusste Kompensation kann Aggression lauten, im Tierreich nennen wir es plakativ „Angstbeißer". Cholerik und unkontrollierte Wutausbrüche gehören auch in diese Kategorie. Sicher ist eine solche unfreiwillige, taktische Leistung unseres Lebenswillens im Führungsalltag hinderlich. Deswegen lohnt es, das Phänomen der Angst mit dem Scheinwerfer der Reflexion zu beleuchten. Alles, was sein darf, kann verändert werden. Dabei ist es erst einmal ziemlich egal, ob wir über Angst vor dem Entscheiden, vor Kollegen oder Vorgesetzten, Angst vor Mitarbeitenden, vor eigenen Ansprüchen, um den Arbeitsplatz, vor einer Aufgabe etc. diskutieren.

Der Unterschied zwischen Held und Feigling ist bekanntermaßen der **Umgang** mit der Angst, einem Gefühl, das beiden vertraut ist. Kampfkunst lädt ein, sich innerlich zu bekennen und damit umzugehen. Wie ein Zuschauer in der Arena der eigenen Gefühlswelt, die zu leugnen unsere Kultur uns scheinbar zwingt. Was macht also den Helden aus? Er bekennt sich im Inneren zu seinen Gefühlen. Ihm ist bewusst, dass Angst ein wertvolles evolutionäres Erbe ist. Es verhindert, dass wir dem Säbelzahntiger in den aufgerissenen Rachen laufen oder uns einem Abgrund zu leichtsinnig nähern. Wenn wir Angst als Gegenteil von Leichtsinn auf einer Waage balancieren und dazu stehen, dass etwas in uns eine Warnung schickt, können wir das **wovor** mit offenen Sinnen explorieren. Und wir können auf der anderen Seite danach suchen, was wir nützlich erkennen um uns in der konkreten Situation angstfrei, wenigstens jedoch etwas gelassener fühlen. Denn jenseits der u. U. wertvollen Warnung blockiert uns Angst in unserer Handlungsfreiheit, dauerhafte Angst ist lähmender Stress.

Im Training für die Auseinandersetzung lautet die Einladung der Kampfkunst sich durch Geschwindigkeit und Reaktion einen Vorteil zu verschaffen, der die Angst vor dem (vermutet) überlegenen Gegner wenigstens teilweise kompensiert. Den berühmten Schritt voraus zu sein. Und/oder durch den **Fokus auf eigene Stärken**/das Erkennen von Schwächen beim Gegner einen Zustand des Selbstvertrauens wieder herzustellen. Kampfkunst im Film ist es, wenn der Schwächere den vermeintlich Stärkeren durch Gewandtheit und Technik besiegt. Laozi erklärt uns:

> Auf der ganzen Welt gibt es nichts Weicheres und Schwächeres als das Wasser.
> Doch in der Art, wie es dem Harten zusetzt, kommt nichts ihm gleich.
> Es kann durch nichts verändert werden.
> Dass Schwaches das Starke besiegt und Weiches das Harte,
> weiß jedermann auf Erden, aber niemand vermag danach zu handeln.

Fazit

- Angst kann eine wertvolle Warnung sein. Wenn wir dazu stehen und die Chance darin reflektieren. Wo fehlt uns Sicherheit? Wo empfinden wir uns als instabil?
- Was brauchen Sie an Vorsprung/Unterstützung/Entwicklung um einem Zustand von Selbst-Wirksamkeit, Initiative, Gelassenheit näher zu kommen? Die „unlösbare Aufgabe" durch eine neue Haltung oder Herangehensweise etwas weniger schwierig zu erleben?
- Sicherheit kann nur in Ihnen selbst stattfinden/empfunden werden
- Exkurs: **Existenzielle Angst** – besonders in den Morgenstunden und oft ohne klaren Fokus erlebt – kann ein starker Hinweis auf einen Burn-Out Prozess sein. Zermartern Sie sich nicht den Kopf wegen der Ursachen, konsultieren Sie schnellstmöglich einen kompetenten Arzt.

Reflektierte Erfahrungen

Die Fähigkeit und Bereitschaft, sein eigenes Verhalten zu reflektieren, ist eine der wichtigsten Voraussetzungen für die persönliche (also individuelle) Meisterschaft in der Führung. Wie eingangs bereits erwähnt: Wer nach dem Motto lebt „Ich könnte so glücklich sein, wenn die anderen sich ändern!", der wird die Schuld und die Verantwortung für die Verhältnisse auch immer bei anderen suchen und stigmatisiert sich selbst gerne zum Opfer. Wir möchten dazu ermutigen, die Verantwortung für die eigenen „Täter-Anteile" zu übernehmen, diese zu hinterfragen, da man sie am ehesten auch eigenverantwortlich beeinflussen/ändern kann. Veränderung beginnt immer bei mir selbst – Führung und Selbstführung sind eng miteinander verknüpft. Die Führungskraft braucht ein stimmiges Selbstbild. Wir entdecken es immer wieder in Coaching-Prozessen: Selbstbild und Fremdbild klaffen auseinander. Je höher Sie in die Hierarchie aufsteigen, je weniger erhalten Sie ein offenes und ehrliches Feedback. Im Zweifel hat Ihr Gegenüber eine Ahnung davon, wie Sie wirken wollen oder wie viel Kritik Sie vertragen und wird sich – je nach Abhängigkeit und persönlicher Souveränität – darauf einstellen.

Entwicklung im Kontext Selbstführung heißt, seine eigenen Motive und Grenzen zu erkennen, diese bewusst zu überschreiten, seine Komfortzone zu verlassen, ungeschützt Neuland zu betreten und persönliche Risiken einzugehen. Im Kontext von Führung geht es um das Schaffen einer tragfähigen und persönlichen Beziehung, um Bindungen und Emotionen als Nährboden für – in letzter Konsequenz – betriebswirtschaftlichen Erfolg.

Wege entstehen dadurch, dass man sie geht. (Franz Kafka)

Feedback als Führungsinstrument

Nein, Lob brauchen die Leute nicht – zumal das der Masse der Vorgesetzten nach wie vor schwer zu fallen scheint. **Anerkennung guter Arbeit** hat durchaus Bedeutung, besonders wenn Mitarbeiter starkem Termin- und Mengendruck ausgesetzt sind und selbst tendenziell den Kontakt zum Ergebnis ihres Schaffens verloren haben. Beachten Sie dabei bitte den oft vergessenen Unterschied zwischen Mensch und Aufgabe:

„Gut gemacht, ordentliches Ergebnis" betrifft die gestellte Teilaufgabe im Projekt o. ä., und ist als Feedback wichtig, entfaltet jedoch nur kurze Wirkung. „Schön, dass *Sie* in meiner Abteilung arbeiten" meint den ganzen Menschen und hat damit eine tiefe, dauerhafte Wirkung. Diese Art der Beachtung als Mensch ist ein Grundbedürfnis und von enormer Bedeutung bei der Führung von Menschen. Wie viele Leute in Ihrem Haus haben das Gefühl, dass ihre Arbeit keinen Sinn hat und sie selbst als Individuum nicht gesehen werden?

Und wie viel Rendite geht Ihrem Haus dadurch ggf. verloren?

Im Sinne von Motivation können Sie sich erneut Neurobiologie zunutze machen. Diskutieren Sie mit Ihren Mitarbeitern möglichst kurz über Fehler. Klar ist es verführerisch, sich bei einem Kritikgespräch aufzubauen und die eigene Macht in jeder Zelle des Körpers zu fühlen. Nur weiß Ihr Mitarbeiter vermutlich längst um seinen Fehler, je nach Typus ist er jetzt ängstlich oder sieht der kommenden Konfrontation bereits unsicher entgegen. Nun können Sie überraschen und punkten, wenn Sie – im Wiederholungsfall – zwar durchaus Konsequenzen in Betracht ziehen, jedoch auch Verständnis zeigen. Wer engagiert unterwegs ist in komplexen Prozessen macht Fehler. Viel wichtiger ist, dass diese Fehler offen und schnell zum Vorgesetzten kommuniziert werden können, sonst geht Ihnen wichtige Information verloren.

► Bei klaren Fakten kann ein Kritikgespräch kurz und knapp sein.

Viel mehr Hebelwirkung erzielen Sie, wenn Sie ein (spontanes) Anerkennungsgespräch ausführlicher gestalten als die üblichen paar Sekunden und dafür sorgen, dass Sie und Ihr Teammitglied vom Erfolg lernen. Was waren die förderlichen Umstände für dieses besonders gute Ergebnis? Wie können wir dafür sorgen, dass es immer öfters so gut läuft? Wie kann das ganze Team vom Ansatz profitieren?

Ihr Mitarbeiter wird jetzt ein Gefühl von Wertschätzung empfinden, Botenstoffe aus dem Belohnungszentrum im Gehirn sorgen dafür, dass das erfolgreiche Verhalten verankert und leichter abrufbar wird.

Diese Zeit haben Sie! Denn je engagierter und stärker Ihr Team, desto größer Ihr Spielraum. Das ist auch ein Kern des Prinzips des „Transformational Leadership".

Jenseits von Anerkennung und Kritik ist kontinuierliche **Kommunikation** ein Grundbaustein jeglicher Motivation. Feedback heißt in jedem Fall präsent sein, Rede und Antwort stehen bei Fragen, mit Aufgaben auch Verantwortung und Befugnisse und Information (Ressourcen) delegieren etc.

Fühlen sich Ihre Mitarbeiter unterstützt, wenn der Bedarf evident ist? Bekommen sie ein regelmäßiges, kurzes Feedback für Ausführung und Qualität der aktuellen Aufgaben? Achten Sie auf ehrliche Antworten – „Sie schaffen das schon!" o. ä. zeigt nur einen Mangel an Interesse und verstärkt beim Mitarbeiter ggf. ein Gefühl von Inkompetenz.

Bekommen Sie selbst als Führungskraft von der übergeordneten Hierarchie was Sie brauchen um motiviert und informiert an Ihre Aufgaben zu gehen?

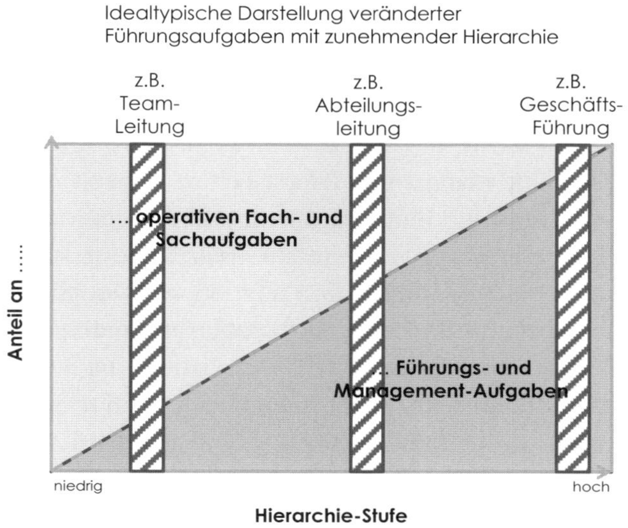

Abb. 5.1 Rollenveränderung in der Führung

Führung kostet Zeit

Wer in Führung keine Zeit investieren will oder darf, muss sich auf das Managen von Arbeitsprozessen verlegen oder beschränken, die Bedürfnisse von Menschen ignorieren und davon ausgehen, dass dies ohne Folgen bleibt – für sich selbst, die Mitarbeitenden und das Ergebnis. Erfahrungsgemäß ein Fehler. Es muss allen Beteiligten bewusst sein, dass Führung Zeit kostet – viel Zeit. Je höher die Funktion (meist gekoppelt an Verantwortung), je größer der Aufwand. Nur die Schwerpunkte verändern sich. In den unteren Führungsebenen liegt der Schwerpunkt in der Regel auf der Führung von Menschen im operativen Arbeitsprozess, ab der mittleren Ebene kommen strategisch ausgerichtete Tätigkeiten hinzu, operative Aufgaben verlieren an Bedeutung und müssten delegiert werden (Abb. 5.1).

Werteorientierung in Veränderungsprozessen

„Menschen durchs Dorf führen" – eine Metapher für klare und zielorientierte Führung. Speziell dann, wenn es um Veränderung und Zukunftsgestaltung geht. Es bedeutet, „vorne zu sein" (von hinten lässt es sich schlecht führen), Mitarbeitende durch schwierige Phasen zu führen, für alle sichtbar zu sein (man weiß, wo „Sie stehen") und Verantwortung zu übernehmen.

Hohe Erwartungshaltungen der Shareholder, Globalisierung, ein sich rasant verändernder Wettbewerb, wegbrechende Märkte, Fusionen, steigender Kostendruck etc. sind Auslöser für komplexe Veränderungsprozesse. Synergieeffekte müssen gehoben, Prozesse und Strukturen angepasst werden. Parallel dazu läuft das operative Geschäft weiter. Die Anforderungen an das Management in dieser Phase sind hoch, sehr hoch. Manchmal auch zu hoch. Wir haben die Erfahrungen gemacht, dass Führungskräfte in diesen Phasen umschalten auf: funktionieren und überleben. Dies gilt speziell für die Ebenen, die an der Schnittstelle zwischen strategischer und operativer Ebene angesiedelt sind. D. h., das operative Geschäft am Laufen halten und gleichzeitig massive Veränderungen im System etablieren. Und das bitte schnell! Ihre Zeit ist durch Hektik und Atemlosigkeit geprägt, substantiell Arbeiten findet nach 17.00 h statt (wenn Sie Glück haben). Vieles bleibt auf der Strecke. Verständnis ist von oben nicht zu erwarten. Sie erinnern sich an unsere Erläuterungen zum Thema „technokratischer Führungsstil als Notlösung“ am Beginn dieses Buches? Richtig, hier setzt er spätestens ein.

Wenn du wenig Zeit hast, nimm dir am Anfang viel! (Ruth Cohn)

Der enorme Druck, der durch die o. g. Dynamiken entsteht, führt dazu, dass das erwähnte Prinzip von Frau Cohn nicht mal in Erwägung gezogen wird. Die Erfahrung zeigt jedoch: Man benötigt ein Vielfaches an Zeit, wenn man im weiteren Verlauf von den Versäumnissen der Anfangszeit überrollt wird. Der guten Ordnung halber: Wir ignorieren nicht den Handlungsdruck, der gegenwärtig vorherrscht, wir widersprechen auch nicht, was die Notwendigkeiten von Veränderungen anbelangt, auch nicht, was die Geschwindigkeit angeht. Dies wird zukünftig vermutlich noch steigen. Wir kritisieren nicht das „Was“, sondern das „Wie“!

Es rächt sich einfach, wenn Menschen sich nicht ernst genommen fühlen, sie gehen in die innere oder äußere Rebellion, in den aktiven oder passiven Widerstand. Synergiepotenziale versucht man u. a. zu nutzen, indem man eine Matrix-Organisation etabliert – um damit die Anforderungen an Führungsqualitäten nochmals zu erhöhen. Führung ohne disziplinarische Kompetenzen – eine zusätzliche Herausforderung, aber völlig unbeachtet im weiteren Prozess. Hervorragende Fachleute vergeuden ihr Potenzial und ihre fachlichen Kompetenzen im Wirrwarr der Organisation. Führung ist vielleicht nie ihre Sehnsucht gewesen, jetzt stehen sie im Schussfeuer der hohen Erwartungen.

Interdisziplinäre Rollen und Zuständigkeiten, damit verbundene Aufgaben, Kompetenzen und Verantwortlichkeiten sind nicht geklärt/diffus, an den Schnittstellen brodelt es. Revierverletzungen (gefühlt oder tatsächlich) sind Alltag. Es entsteht ein „Geist", der für die notwendigen Veränderungen kontraproduktiv ist. Die Konflikte eskalieren. Wenn Sie Glück haben, bekommen Sie rechtzeitig ein Gespür dafür, bevor es kaum zu behebende Flurschäden gibt. Spätestens jetzt heißt es: **Raus aus dem Rad!**

„Gras wächst auch nicht schneller, wenn man daran zieht!" (afrikanisches Sprichwort) Wie wahr – im Führungsprozess sollten Sie jetzt die Reißleine ziehen. Im Sinne einer Werteorientierung gibt es jetzt die unterschiedlichsten Möglichkeiten der Intervention. Im Prinzip gilt auch hier wieder das gute alte Prinzip der Organisationsentwicklung:

- Betroffene zu Beteiligten machen.

Den Konflikt nicht zu ignorieren, sondern ihn anzuschauen, Raum geben für das, was ist und nicht das, was Sie sich ggf. erhoffen. Sich dem zu stellen, was sich zeigt, und vielleicht ein bisschen zu staunen (statt sich zu ärgern), was Sie sehen und hören. Nicht mehr, aber auch nicht weniger.

Wie kann das in der Praxis aussehen? Wie gelingt es, sich einen ersten Überblick zu verschaffen, gemeinsam Verantwortung zu tragen und wieder „arbeitsfähig zu werden", schlichtweg: unserer Führungsrolle gerecht zu werden? Hierzu haben wir in einem vergleichbaren Fall das Management-Team eines Unternehmens, bestehend aus vier Personen, zu einem Spaziergang aufgefordert (Walk and Talk). „Traue keinem Gedanken, der dir im Sitzen gekommen ist" (Nietzsche)! – Frei nach diesem Motto haben wir genau das zum Thema gemacht, was diesen Personenkreis zu diesem Zeitpunkt beschäftigt oder auch belastet hat, auf Initiative der obersten Führungskraft in diesem Team. Im Gehen, außerhalb des Arbeitsumfeldes, beeinflusst durch das, was sie gerade wahrnehmen, können neue Sichtweisen entstehen, Gemeinsamkeiten identifiziert werden, offene Fragen auftauchen etc. Der Blick ins Tal in Verbindung gebracht mit der Situation im eigenen Verantwortungsbereich – es entstanden neue Perspektiven. Eine ungeplante Feedback-Runde räumte mit Irrtümern und Illusionen auf, es gab Impulse und Anregungen für das weitere Miteinander im täglichen Kampf. Es ging um den gegenseitigen **Respekt**, um **Loyalität** im Führungsteam, um das Tragen und dem Gerechtwerden von gemeinsamer **Verantwortung**. Es ging aber auch um die notwendige **Standfestigkeit** (der

Prozess wird nicht aufzuhalten sein), um **Disziplin** in den nächsten Schritten, um die **Sinnhaftigkeit** des Tuns. Die **Demut** kam zum Tragen, als alle Beteiligten eine Ahnung davon bekamen, was ihr Anteil am Problem ist. Es war eine wertvolle Basis für die Planung der nachfolgenden Schritte mit der nächsten Führungsebene. Diese Form der intensiven Kommunikation ist jetzt ein fester Bestandteil der gemeinsamen Führungsarbeit in einem herausfordernden Umfeld geworden.

Keine Maßnahme ohne Diagnose, ein weiterer Grundsatz aus der Organisationsentwicklung. Auslöser in diesem Fall war ein Führungswechsel in einem ebenso komplexen Umfeld. Es existierte ein nicht mehr zu leugnender Konflikt zwischen den unterschiedlichen Führungsebenen. In der ersten Situationsanalyse sind alle Mitglieder des Management-Teams in Einzelgesprächen zu der aktuellen Situation und ihrer ganz persönlichen Bewertung befragt worden. Auch hier ging es um (fehlenden) Respekt, mangelnde Kommunikation, nicht vorhandene Orientierung über Zukunftsfragen, um Zugehörigkeit, die Sinnhaftigkeit von Entscheidungen, die normative Kraft des Faktischen statt Information, Kommunikation und Abstimmung etc. Im Ergebnis führte es zu einem gemeinsamen, strategischen Führungsprozess, das Erarbeiten eines von allen akzeptierten „Geistes“ von Zusammenarbeit und der Klärung von Konfliktfeldern, die in der Zwischenzeit entstanden waren.

Werteorientierung im Projektmanagement

Projektmanagement – professionell ausgeführt – schafft viel Transparenz, auch über fehlende Sinnhaftigkeit, schwammige Aufträge, unrealistische Ziele, nicht verfügbare Ressourcen und illusionäre Termine, etc. Nur, wer will das schon?

Sie haben auf den zurückliegenden Seiten einen Überblick über die Werte erhalten, von denen wir glauben, dass sie in der Unternehmenswelt eine Bedeutsamkeit haben. Werte, die nicht oder nur selten wahrgenommen oder sogar aktiv abgelehnt werden. Wir möchten gerne an dieser Stelle einen weiteren Praxisbezug herstellen und uns einen kleinen Ausflug in die Welt des Projektmanagements gestatten, um auch hier auf Spurensuche zu gehen.

Manche Manager sind so lösungsorientiert, dass sie eine professionelle Planungsphase, in der noch keine vorzeigbaren Ergebnisse produziert werden, nicht oder kaum aushalten. Bei einem großen Automobilhersteller wurde das mit den Worten kommentiert: „Wissen Sie, bei uns hat man keine Zeit für eine vernünftige Auftragsklärung. Der Druck ist enorm hoch. Aber man hat alle

Zeit dieser Welt, die Projekte zweimal zu machen, weil die Ergebnisse nicht den gewünschten Anforderungen entsprachen."

Einzel-Projektmanagement

Wenden wir uns als Erstes dem einzelnen Projekt zu. Die Konsequenzen eines fehlenden oder schlecht gesteuerten Multi-Projektmanagements werden wir im Anschluss daran näher beleuchten.

▶ „Sage mir, wie dein Projekt beginnt, und ich sage dir, wie es endet!"

Das Drama in Projekten beginnt oft mit einem schwammigen Auftrag. Getreu dem Motto: „Wir wissen zwar noch nicht so genau, wo wir hin wollen, fangen aber schon mal an!" nimmt das Verhängnis seinen Lauf. Unklare Aufträge werden durch eigene Phantasien, Interpretationen und Erfahrungen ersetzt. Je höher ein Auftraggeber hierarchisch angesiedelt ist, je weniger wird oft nach dem Sinn eines Auftrages gefragt, unter Zeitdruck potenziert sich dieses Verhalten. Die Transparenz des erhofften oder erwarteten Nutzens jedoch ermöglicht es den Auftragnehmern, gezielter und kompetenter nachzufragen. Das kostet in der Regel in der Phase der Auftragsklärung mehr Zeit, verkürzt allerdings deutlich die Umsetzungsphase (da weniger Korrekturen).

In zahlreichen Projektmanagement-Seminaren und -Qualifizierungsprogrammen beginnen wir den Baustein zur Auftragsklärung mit einer kleinen Übung, die keinen anderen Zweck hat, als den Leuten bewusst zu machen, dass eigenverantwortliches und selbständiges Arbeiten umso besser funktioniert, wenn Sie das dahinterliegende Ziel (siehe auch Disziplin) kennen, wenn sich Ihnen die **Sinnhaftigkeit**, der Nutzen des Projektes erschließt. Anders ausgedrückt: Was haben Sie eigentlich erreicht, wenn Sie das Projektziel erfolgreich umgesetzt haben, wozu ist das gut?

Kommen wir zur Zielformulierung. Anlass für Projekte sind entweder existierende Probleme oder Innovationen (Druck oder Sog – auch hier), operative Dringlichkeiten oder strategische Wichtigkeiten. Häufig wird die Projektleitung nicht mit Zielen (diese beschreiben das Ergebnis lösungswegneutral), sondern bereits mit konkreten Lösungen konfrontiert, ein Appell an den Gehorsam! Das Projektteam ist mit der Umsetzung dieser Lösungen beauftragt, andere Lösungswege werden gar nicht mehr diskutiert und geraten aus dem Fokus. Es ist auch nicht immer auszuschließen, dass bei der Beauftragung von

Projekten seitens der Auftraggeber (m/w) diffuse Eigeninteressen eine Rolle spielen, das Projekt wird zum „Baby", entsprechend emotional verknüpft. Wer wagt es, in diesen Situationen als Projektleitung nicht der großen Verlockung zu erliegen, den heimlichen Auftrag widerstandslos zu erfüllen, sondern stattdessen in einen konstruktiv kritischen Zielklärungsprozess einzusteigen? Dazu gehört ein großes Maß an innerer Autorität (eine Projektleitung hat in der Regel in dieser Rolle wenig institutionelle Macht) und – Sie ahnen es schon – **Standfestigkeit**. Sich deutlich zu positionieren, Klarheit herzustellen, Alternativen aufzuzeigen, Risiken transparent zu machen, dazu braucht es im wahrsten Sinne gestandene Persönlichkeiten. Das alles kostet in den ersten beiden Phasen der Klärung und Planung eines Projektes viel Zeit, ein kostbares Gut. Vielen Projekten wird diese Zeit heute nicht mehr zugestanden, man erwartet konkrete Ergebnisse und das möglichst schnell. Also versucht man, dieser Erwartungshaltung zu entsprechen und verlagert die Konflikte, die durch mangelnde Klärung am Anfang entstehen, auf die Umsetzungsphase. Dort werden sie dann richtig teuer, Termine spielen keine Rolle mehr, der Druck steigt ins Unermessliche, Schuldige werden gesucht (und gefunden).

Eine sachliche Auseinandersetzung mit den Projektzielen, ein durch gegenseitigen **Respekt** (z. B. durch Anhörung und Abwägung der unterschiedlichen Interessen und Meinungen) geprägten Klärungsprozess, schaffen Orientierung und **Loyalität**, ein Zugehörigkeitsgefühl zum Projektteam und sind schlichtweg Erfolgsfaktoren. Loyalität lässt ein partnerschaftliches Miteinander zu, die Beteiligten kennen ihre Möglichkeiten und Grenzen und bewegen sich selbstständig und eigenverantwortlich in diesem Rahmen. Als Projektleitung können Sie Ihren Kontrollaufwand reduzieren, weil Sie wissen, dass Ihre Projektbeteiligten sich dieser **Verantwortung** bewusst sind und danach handeln.

Den ersten beiden Phasen im Projektmanagement (siehe Abb. 5.2) kommt also eine ganz besondere Bedeutung zu. Sie sollte Kreativität zulassen oder sogar aktiv fördern, um Flexibilität im Hinblick auf Zieldefinition und Projekt-Planung zu ermöglichen. Wenn Sie dann aber mit allen Beteiligten in die Umsetzungsphase einsteigen, dann ist **Disziplin** gefragt, dann hat jeder die Aufgabe, seinen Beitrag zum Projekterfolg zu leisten. Sie sitzen alle im gleichen Boot, sie kennen und akzeptieren ihre Rollen und die damit verbundenen Aufgaben, Kompetenzen und Verantwortungen, sie rudern alle in die gleiche Richtung und in einer abgestimmten Taktzahl. Sie werden von Stürmen mit Kurskorrekturen nicht verschont bleiben – das gehört irgendwie dazu – aber wenn Sie von Ihrer Arbeit und Ihrem Ziel überzeugt sind, werden Sie diese Dinge umschiffen, bewältigen, lösen.

Sinkende Flexibilität im Projekt

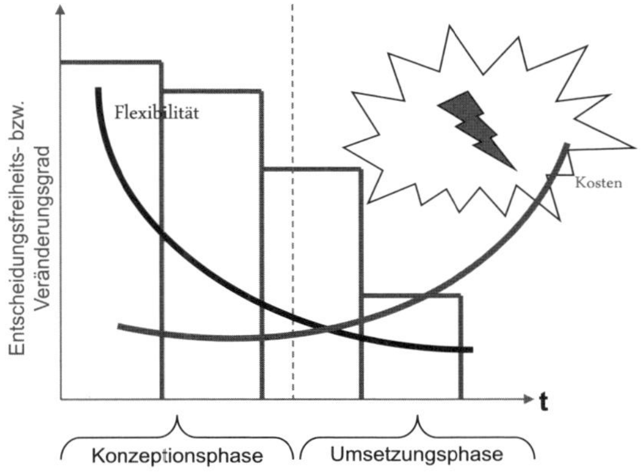

These 1: Die Flexibilität, Zielvorgaben anzupassen und in eine stimmige Balance von Qualität, Kosten, Terminen und Personalressourcen zu bringen, lässt mit zunehmendem Realisierungsgrad ab.

These 2: Bei fortgeschrittenem Realisierungsgrad werden die Kosten bei etwaigen Änderungen überproportional hoch!

These 3: Die meisten Schwierigkeiten, Konflikte und Probleme entstehen fatalerweise in der Regel in der Umsetzungsphase!

Was bewirkt eine professionelle Auftragsklärung?

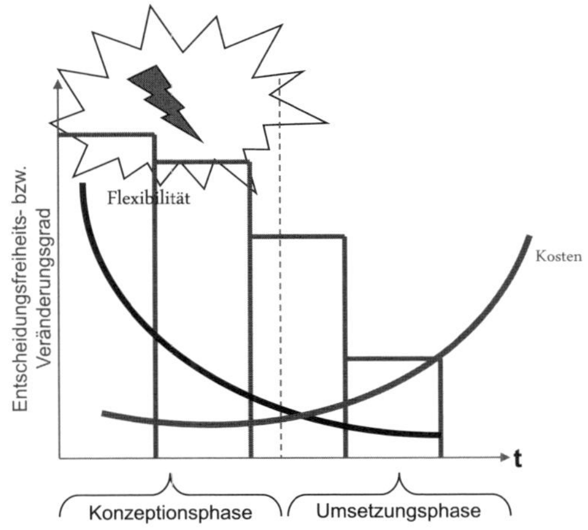

Professionelle Auftragsklärung heißt: Zu erwartende Konflikte und Widerstände weitestgehend von der teuren und unflexiblen Umsetzungsphase in die billigere und flexiblere Konzeptionsphase zu verlagern!

Abb. 5.2 Entscheidungsfreiheitsgrad

Nicht jedoch nach dem Prinzip „Augen zu, Ohren anlegen, Strömungswiderstandswert verringern und durch!". Nichts läuft so gut oder so schlecht, dass es sich nicht lohnen würde, gemeinsam zu überprüfen, ob alle eigentlich „noch an Bord sind", sie die richtigen Dinge tun und diese auch richtig. Wer im „Flow" ist, vergisst das gelegentlich, wer Angst hat, auch. Es braucht also ein gesundes Maß an Demut, das Vorgehen, die Zwischenergebnisse, die Atmosphäre im Team zu überprüfen, Fehler zu analysieren, ggf. Zielkorrekturen vorzunehmen und eventuelle eigene Anteile an existierenden Problemen zu reflektieren.

In diesem Zusammenhang ist es immer wieder erstaunlich, dass ein klassisches Tool wie „Lessons-learned" zum Ende eines Projektes kaum genutzt wird. Es wäre eine Form der Qualitätssicherung und -optimierung, auch oder gerade dann, wenn es nicht so gelaufen ist, wie man das erhofft hatte. Aber damit wären wir wohl wieder am Beginn dieses Abschnittes.

Multi-Projektmanagement

Da es sich bei diesem Buch nicht um ein Fachbuch zum Thema Projektmanagement handelt, von unserem eigentlichen Thema aber nicht abgekoppelt werden kann, werden wir uns in der Folge sehr kurz halten. Wer darüber mehr erfahren möchte, muss sich mit der bereits vorhandenen, einschlägigen Literatur auseinander setzen. Wir würden ansonsten der Komplexität dieses Themas ignorieren.

Unter Multi-Projektmanagement verstehen wir die Steuerung der Unternehmensressourcen durch Priorisierung der Projekte – eine Aufgabe, die in die unternehmerische **Verantwortung** der obersten Management-Ebene gehört.

- Voraussetzung dafür ist ein funktionierendes Projekt-Controlling, das auf Basis der ihm gemeldeten Daten und Fakten aus den Projekten der Management-Ebene das Steuern überhaupt ermöglichen soll.
- Voraussetzung ist aber auch, dass notwendige, personelle Ressourcen in den Projekten geplant, erfasst und aktualisiert werden, oft einhergehend mit Diskussionen in Personal- und Betriebsrat, die dies ausschließlich unter dem Aspekt einer unerlaubten und nicht gewünschten Leistungserfassung betrachten. Dieser Interessenskonflikt ist nur durch eine aktive Auseinandersetzung (menschlich fair und sachlich klar) mit den beteiligten Personen und Instanzen zu lösen.

Wir haben in Kap. 1 bereits erwähnt, dass Management-Ebene und operative Ebene sich tendenziell voneinander entkoppeln. Die eine Ebene weiß oft nicht mehr, was die andere bewegt. Dies scheint sich auch hier auszuwirken. Wer von Ihnen kann noch nachvollziehen, warum es zu (gefühlt) permanenten Änderungen in der Priorisierung der Projekte kommt. Gibt es überhaupt eine signifikante Priorisierung oder ist alles „Prio 1"? Wie viel Projekte verkraftet Ihr Unternehmen eigentlich neben den Anforderungen des Tagesgeschäftes? Wenn an dieser Stelle keine validen Informationen verfügbar sind, unterliegt man der Illusion, Mitarbeiter-Ressourcen wären beliebig zu erhöhen, ohne zusätzlich Leute einzustellen. Wer hat den Mut (oder die **Standfestigkeit**), Projekte definitiv zu beenden, weil es sich gezeigt hat, dass sie weder wirklich wichtig, noch operativ oder – gesetzlich bedingt – dringlich sind. Wessen Projekt fällt hinten runter, wer fühlt sich als potenzieller Verlierer in diesem Spiel? Der Kampf um fehlende Ressourcen wird häufig auf der Ebene der Projekte ausgetragen. Für diejenigen unter Ihnen, die sich auf Management-Ebene angesprochen fühlen – da gehört er nicht hin und dort kann er auch nicht gelöst werden! Ansonsten gilt auch hier der Einstieg in diesen Abschnitt.

Selbstführung 2 – Von der Freiheit des Individuums zur selbstbestimmten Entfaltung

> Über sich selbst, über seinen eigenen Körper und Geist, ist ein Individuum souverän. (J. S. Mills)

Leben ohne Anpassung stirbt aus – laufende Entwicklung ist also normal und sogar nötig, denn die Umwelt ändert sich kontinuierlich. „Wenn Sie im Leben einigermaßen der Gleiche bleiben wollen, müssen Sie sich ständig entwickeln" könnte ein Fazit lauten. Sich selbst treu bleiben, die eigenen Werte schützen statt sie dem Opportunismus zu opfern führt zur Grundsatzfrage: Wie weit verforme ich mich im Sinne der karrieredienlichen Selbstoptimierung, oder im Überlebensmodus des Durchhaltens? Und was zeichnet dagegen Unternehmen aus, in denen die Mehrzahl der Menschen einfach gerne arbeitet? Bin ich in so einem Haus oder habe ich Macht dazu einen Beitrag zu leisten? Und was zeichnet Menschen aus, die – fast egal wo – erkennbar zufrieden Ihrer Arbeit nachgehen, und das Beste aus jeder Situation machen?

T. Vasek fordert in seinem Buch „Work-Life-Bullshit“ mehr **gute Arbeit für gute Leute**, und ermuntert zu einem schnelleren Ausstieg aus schlechter Arbeit. Vielleicht rennen wir hier eine offene Türe ein. Wie am Anfang erwähnt leben Millionen Berufstätige in einem persönlichen Gefängnis von empfundener Abhängigkeit, Mangel an Orientierung, Mangel an Selbstbestimmtheit. Es ist oft genug auch bequem, in jedem Fall sehr menschlich, die Situation nur verbal und in einem unverfänglichen Rahmen in Frage zu stellen und auf die Umstände hinzuweisen.

Die „Willkür der Umstände“ (Sloterdijk) kann nur überwinden wer zu seinen Emotionen steht, sie nicht nur akzeptiert, sondern nützt. Dem Philosophen nach kann Zorn so ein Generator für Erneuerungsenergie sein, sicher gibt es auch andere Möglichkeiten die Umstände zu ändern, beispielsweise indem **wir unsere Haltung ändern.** Doch manchmal kann „heiliger Zorn“ sehr, sehr hilfreich sein um endlich aus konstanter Unzufriedenheit auszubrechen. Wir ermutigen ausdrücklich dazu, wieder ein Gefühl für den Begriff der Freiheit zu entwickeln. Freiheit ist ein Gefühl, das bei Menschen immer wieder ungeahnte Kräfte freisetzt.

Die innere Erlaubnis sich selbst zu besser kennen zu lernen und die eigenen Ziele zu explorieren, justieren und in einen größeren Zusammenhang zu stellen, bewirkt schon ein Erlebnis von mehr Freiheit, noch mehr Freiheit im eigenen Leben zuzulassen. Kein Druckfehler. Auch Freiheit ist ein Selbstläufer, je mehr Sie davon schmecken, umso mehr werden Sie sie schätzen.

Wenn Sie entsprechend frei explorieren: Was zieht sich als Sehnsuchtsziel durch Ihr Leben, was wollten Sie ursprünglich? Glücklich ist, bei wem das „Big Picture“ von sich selbst mit dem aktuellen Erleben weitgehend übereinstimmt. Dazu wollen wir Sie ermutigen und dazu haben wir Gedanken aufgeschrieben.

Der Selbstoptimierungswahn den wir oft glauben leben zu müssen, entfernt uns von uns selbst. Oft genug durch Anpassung auch von unserer Würde oder unserem Stolz. Denn um zu optimieren brauchen wir meistens eine Benchmark – also die ständige Orientierung an Anderen oder dem scheinbar gewünschten Idealprofil. Um etwas Besonderes oder Überdurchschnittlich zu werden, sind die Bezugsgrößen logischerweise dann der Durchschnitt, das sog. Mittelmaß. Ebenfalls eine Nebeladresse und schwer fassbar – wer soll das sein? Als logische und einzig gangbare Maßnahme bleibt der individuelle Weg der eigenen Wunschvorstellung – also das Heben der eigenen Potenziale, das Erkennen und Leben eigener Talente. Dann ist Spitzenleistung immer erreichbar.

Das kann im Kontext des Buches die Fähigkeit sein, Menschen zu führen. Im Sinne von Laozi kann es heißen diese Menschen so gut zu führen, dass sie sich nicht als geführt erleben. Sondern als selbstwirksam und erfolgreich in sinnvollen Aufgaben mit einem Vorgesetzten, der als Ansprechpartner und Orientierungshilfe im Bedarf zur Verfügung steht. Und Signale von Zutrauen und Vertrauen aussendet.

Ich selbst

Zugegeben, die Situation ist oft schwierig. Aber am Ende des Tages haben Sie zumindest sich selbst. Die Freundschaft mit sich selbst, Ihre **Selbstbeziehung** als natürliche Basis für Ihren persönlichen Weg.

Deswegen **können** (und sollen?) sich Führungskräfte immer wieder fragen, wer sie wirklich sind und wer sie morgen sein wollen. Oft genug beginnt Umdenken erst durch eine Krise und Entwicklung entsteht aus einer Niederlage. Wir Menschen wachsen von Kindesbeinen an *auch* durch Widerstände, und wenn es nur die Erdanziehungskraft ist, die unsere Muskulatur stärkt.

Scheitern ist ein Gefühl, keine Tatsache. (Peter Lau)

Das heißt keinesfalls, dass alles mühevoll und kräftezehrend sein muss, wie es unsere Gesellschaft im allgegenwärtigen Leistungswahn zu glauben scheint. Gute Leistung heißt bestenfalls, mit „Minimal input, Maximal output" ressourcen- und kräfteschonend Ergebnisse zu erzielen. Hebelwirkung eben, wie in der Kampfkunst geschult und in diesem Buch als Führungstugend immer wieder gefordert. Die Einstellung, nur mit hohem Krafteinsatz Ergebnisse erzwingen zu können, führt zur Erschöpfung und widerspricht damit guter Führung.

Müssen, müssen, müssen – mit zusammengebissenen Zähnen und allen Kräften – das ist so ein Bild, das sich hartnäckig hält (und buchstäblich einen schmerzenden, harten Nacken verursacht), aber vielen Menschen vielleicht sogar Zugehörigkeit vermittelt – so muss es wohl richtig sein. Alle schuften und haben Augenringe, sind unzufrieden. Nur – wer sagt denn das? Ist das etwa schon Führung, zu harter Arbeit anzutreiben? Abendländische Tradition, also kulturelles Erbe ist dieses Vorgehen jedenfalls auch – deswegen laden wir immer wieder ein den Kopf über den altbekannten Horizont zu erheben. Heroisches Kämpfen verengt den Blick auf den Kampf. Das ist zu wenig.

Immer wieder sprechen wir von „Innerer Ruhe" als einer Basis erfolgreicher Führung. Weil schnelles Reagieren und entschlossenes Handeln im Außen sehr viel leichter wird, wenn der Sturm im Innen sich gelegt hat – **Beruhigung** des eigenen Systems, im eigenen Erleben ist die logische Voraussetzung für die Erfahrung von Handlungsfreiheit. Die Chance mehr Chancen (Situationspotenziale, siehe Kap. 2) zu erkennen steigen, ebenfalls die sich vom besten Sachbearbeiter des Bereichs zu emanzipieren und durch Führung viel mehr Wirkung zu erzielen. Stabilität ist ein Selbstläufer, denn Ihre Mitarbeiter spüren sie. Und profitieren davon – bleibt der Chef/die Chefin gelassen, dann bekommen wir die Situation geregelt, lautet die informell wahrgenommene Botschaft zu jeder Zeit.

Eine solche ideale Entwicklung bringt uns mit dem vergessenen Zustand echter, weil empfundener Freiheit wieder in Kontakt. Freiheit kann man nicht durch Sicherheit ersetzen, wie wir in unserer Gesellschaft immer wieder feststellen müssen. Wir können uns jedoch ein Umdenken erlauben das unseren Blick dafür öffnet, **dass Freiheit Sicherheit bedeutet.** Und die Erkenntnis für einen Zuwachs an Selbstbestimmtheit auskosten – spätestens jetzt „Nobody's Fool" zu sein. Zu viele Menschen in unseren Unternehmen empfinden sich als unfrei und gleichzeitig unsicher. Kräftezehrend wirkt so ein Erleben täglich und lässt nur die Hoffnung auf das Wochenende und die Ablenkung. Uns ist klar, wie sehr die Arbeit in einer großen Organisation auch limitiert – was immer möglich ist, sich einen inneren Freiraum zu schaffen. Die Gedanken sind frei. Die Führung der eigenen Person macht frei.

Und bringt den Menschen in Kontakt mit seinen Potenzialen sich innerhalb des Unternehmens optimal zu entfalten – oder darüber hinaus zu wachsen, um es zu verlassen.

Fazit

- Wir selbst haben die Steuerungshoheit für unsere Persönlichkeit und unseren Lebensweg. Dem Unternehmen, anderen Menschen die Rolle des Sündenbocks für eigene Unzufriedenheit zu übertragen wird bei ehrlicher Betrachtung unglaubwürdig. „Man muss" delegiert die Verantwortlichkeit für die eigene Freiheit an „die Umstände".
- „Work Hardest" ist kein automatischer Weg zur Exzellenz. In der Führung eher ein Weg ins Mittelmaß.

Glück ist das Ergebnis von selbstverantwortlichem, entschiedenem Handeln. (R. K. Sprenger)

Selbstwert als Basis

Im Sinne eben beschriebener Freiheit erleben wir in Gesprächen oft ein scheinbar unerklärliches, unbewusstes Hindernis den bereits erkannten Weg zu gehen. Und fragen uns mit den Gesprächspartnern was denn noch zurückhält, Abhängigkeit vom Feedback des Umfeldes zu reduzieren und mehr Führungskraft zu zeigen. Wir diskutieren warum nur die artifizielle Lebenswirklichkeit aus Leistung und Beschleunigung uns so im Griff hat. Warum vielen Menschen die Rückkehr zum Fokus auf erzielte Ergebnisse unter Wahrung der persönlichen Grenzen so schwer fällt.

Ein bedeutender Grund dürfte sein, dass eine Mehrheit in unserer Gesellschaft ihren Selbstwert längst an ihre (möglichst fehlerfreie) Performance gekoppelt hat. Wer Nichts leistet scheint keinen gesellschaftlichen Wert zu haben, dieses Gefühl ist unbequem und nicht medial, doch allgegenwärtig. Arbeitslose sind vermutlich auch deshalb noch öfter von Stress-Symptomen betroffen als Arbeitnehmer.

Ist uns als Gesellschaft der natürliche Wert eine Menschen abhanden gekommen? Definieren wir nicht nur uns selbst, sondern auch unsere Mitmenschen über deren Erbringen von Leistung? Widerspricht so eine Haltung nicht der Unantastbarkeit der Würde und dem natürlichen Stolz des Individuums? Geht nur Stolz auf etwas, z. B. erbrachte Performance?

Kurz: Der deutliche Unterschied zwischen nach außen orientierter Selbstoptimierung und der inneren Erlaubnis und Freiheit lebenslanger persönlicher Entwicklung, dürfte zumindest anteilig vom ganz natürlichen und gesunden Selbstwert bestimmt sein. Diesen nach Bedarf und Selbstwahrnehmung weiter zu entwickeln und zu stärken, könnte die erste und wichtigste Aufgabe der Selbstführung sein. Es geht dabei nicht mehr und nicht weniger als um eine Basis.

Das Ziel? Ist individuell und kaum fassbar, jeder Leser mag darunter etwas anderes verstehen, zumal der Weg lebenslang währt und der Einzelne sein Ziel unterwegs immer wieder anpassen wird.

Ein möglicher „Zielzustand“ ist bemerkenswert schön beschrieben im Buch „Aikido, die friedfertige Kampfkunst zur Persönlichkeitsentfaltung“. Die Autoren schildern ihre Wahrnehmung so:

„Diese klare, selbstsichere Ruhe ist nach außen hin sichtbar, sie fordert auf stille Art Respekt ab und setzt eindeutige Signale der Stärke – ohne große Geste, ohne Ellbogen, frei von Machtdemonstration und Drohgebärden. Mit dieser tiefen Selbstsicherheit kann man auch in einer dichten, kontaktreichen Gesellschaft immer wieder einen gesunden persönlichen Freiraum schaffen und schützen, in dem man sich gemäß eigenen Zielen und Wünschen entfalten kann“ (Kropp/Barandun).

Archaisches Bedürfnis nach Führung?

Setzen Sie in einem Gedankenexperiment etwa 10–20 Menschen auf der berühmten einsamen Insel aus. Menschen von unterschiedlichem Alter, Geschlecht und inhomogener Bildung. Lassen Sie den Film einen Moment vor Ihrem geistigen Auge weiter laufen. Sie sehen vermutlich, dass sich sehr schnell eine informelle Organisation entwickelt. Nach Kompetenz wird sich vielleicht der Hobbyangler für Nahrungsbeschaffung engagieren, ein oder zwei handwerklich geschickte Personen um das Erstellen einer Unterkunft kümmern, etc.

Und ganz klar wird es sehr schnell jemanden geben den alle Anwesenden intuitiv gerne um Rat fragen. Jemand der ohne langes Nachdenken Verantwortung übernimmt, Orientierung gibt und damit in Führung geht (vielleicht auch mehr als **eine** Person). Hoffentlich jedenfalls, da so das Überleben der Gruppe wahrscheinlicher wird. Mann oder Frau ist dabei völlig bedeutungslos, wir sind der Überzeugung, dass inhärentes Führungstalent geschlechtsneutral ist und sich auch situativ entfalten kann.

Es existiert vermutlich ein Anspruch und eine tiefe Sehnsucht nach Führung (id est Orientierung) in uns Menschen und vielen anderen Spezies auf diesem Globus die in größeren Horden leben. Herausfordernde Situationen verstärken dieses Bedürfnis jemandem vertrauen zu können, sich anvertrauen zu dürfen – gut wenn es genügend Frauen und Männer gibt, die sich der Aufgabe stellen und in Führung gehen. Dabei kann die Rolle situativ wechseln – einen König/eine Königin dem wir huldigen brauchen wir keineswegs. Wer – im Beispiel – heute das Projekt „Bau einer Hütte“ verantwortet, wird nächste Woche sich vielleicht gerne der Führung eines anderen Mitglieds der Gruppe unterordnen, wenn es um den idealen Lagerplatz, die Abwehr von wilden Tieren oder worum auch immer geht.

Im Vietnam-Krieg wurde von einem Platoon-Commander berichtet, der bemerkenswert geringe Verluste hatte. Das lag nicht an einem Mangel an Einsatz sondern an einer einzigartigen Strategie: Der Kommandeur erkannte die besonderen Fähigkeiten und Stärken seiner Untergebenen und übergab situativ das Kommando an den für die Aufgabe besonders geeigneten Soldaten. Und ordnete sich selbst entsprechend unter, bis die Operation erledigt war.

Oder wie Harvard-Professorin Barbara Kellermann es sieht: „Man kann so lange ohne Hierarchie auskommen, bis sie von selbst entsteht."

Führung für Menschen

Hierarchie per se ist daher weder gut noch schlecht, sie kann Sicherheit und Orientierung geben und sie kann in einer freiheitlichen Gesellschaft ob ihrer Existenz und Ausgestaltung jederzeit hinterfragt werden.

Im Kampfkunst-Schulen wird die Klarheit der Hierarchie in ihrer naheliegenden Sinnhaftigkeit nicht hinterfragt, entsprechend von vielen Trainierenden als geradezu beispielhaft und wohltuend empfunden. Nichts zerfließt in Beliebigkeit. Getriebenheit oder Durchsetzungsschwäche die wir im Alltag oft erleben, bleiben ausgesperrt. Alles ist klar, zumindest zweimal die Woche. Ein Trainer der narzisstisch bis psychopathisch seine Macht zur Selbstbefriedigung ausspielen möchte, hätte ob der Wahlmöglichkeiten seiner Beitragszahler bald einen leeren Saal. Hier wird Loyalität im besten Sinne freiwillig gegeben, da jeder erleben kann wie durch Training mit und am Vorbild seine sportliche wie auch persönliche Entwicklung Fortschritte macht. Der Trainer zeigt den Weg, indem er voran geht.

Bereits Kinder, deren Eltern sich selbst zu Freunden statt Vorbildern degradiert haben, spüren etwas davon und beginnen sich erkennbar zu entwickeln (ein häufiges Feedback für die Trainer von erstaunten Erziehungsberechtigten und Lehrkräften). Sie lernen früh was respektvoller Umgang ist. Wie ein „Vorgesetzter" sich engagiert ihre Entwicklung zu fördern, bei Unklarheiten den Rücken stärkt, viele Erfahrungen zulässt. Und Disziplin sich als Kitt im Training ganz von selbst intrinsisch entwickelt – es geht auch gar nicht ohne. Zu jeder Zeit ist jedem Trainierenden bewusst dass Kündigung einfach wäre, niemand muss irgendwas – also bin ich letztendlich freiwillig dabei und lasse mich ein. Man geht schließlich so gerne ins Training wie tendenziell die meisten Menschen auch gerne zur Arbeit gehen würden – das beliebte, stundenlange Gemecker im Freundeskreis über die jeweiligen Vorgesetzten könnte wegfallen. Und die Einschränkung der Schlafqualität von Sonntag auf Montag würde sich auflösen.

Zukunft

Wir werden in den Organisationen einen stärkeren Fokus auf den Menschen in seinem Wesen erleben. Beschworen wird es in wohlfeilen Reden und Compliances schon lange. Der Druck der durch Überlastungssyndrome einerseits und Demographie andererseits entsteht, wird leidenschaftliche Kostenstellenrechner und Zielvereinbarer zwingen ihre Methoden zu hinterfragen. Das über Internet in Minuten veränderte Image eines Unternehmens als Arbeitgeber im inzwischen real existierenden „War for Talents" bringt zusätzliche Würze in die Entfaltung von menschengerechten Arbeitsplätzen. Wir sprechen von einer Führungsaufgabe die eine erschreckende Dimension hat, weil sie mehr Führungskraft vom Einzelnen und weniger Zahlenreligion vom Unternehmen verlangt. Doch auch hier gilt Laozi's Wort: „Eine Reise von tausend Meilen beginnt mit dem ersten Schritt."

Epilog

> Gott gebe mir die Gelassenheit, Dinge hinzunehmen, die ich nicht ändern kann, den Mut, Dinge zu ändern, die ich ändern kann und die Weisheit, das eine vom anderen zu unterscheiden. (vermutlich Reinhold Niebuhr 1941)

Der einzige Mensch, der etwas verändern kann, sind also Sie! Nein, leider ist es nicht ganz so einfach. Sie unterliegen noch anderen Einflussgrößen, sind an der einen oder anderen Stelle fremdbestimmt. Um was es uns in diesem Buch geht, ist ein Bewusstsein dafür zu schaffen, wie Sie Ihren Anteil an einer Problemlösung erhöhen können, selbstbestimmt und freiwillig. Sie sind als Führungskraft immer auch ein Teil der gelebten (und klaglos ertragenen) Kultur, Sie sind mehr Täter, als Opfer. Täter auch durch Passivität oder die Fähigkeit, die Verantwortung anderen zuzuschieben. Sie werden Ihre Einstellung und innere Haltung zu sich und zu anderen nicht in den nächsten 100 Tagen vollkommen umkrempeln, Sie werden dies wahrscheinlich auch nicht im Rahmen des nächsten Jahres schaffen, aber das sollte Sie nicht daran hindern, überhaupt anzufangen. Es scheitert gelegentlich an der Begrenztheit (manchmal auch Bequemlichkeit), sein eigenes Verhalten selten zu reflektieren. Dann wird man zwangsläufig zum Ankläger und wartet darauf, dass die Anderen sich ändern. Insofern ist Reflexionsbereitschaft eine Primärtugend und Fähigkeit im Führungs- und Selbstführungskontext.

Wir hoffen, Ihnen ergeht es ähnlich wie uns, als wir uns erstmalig mit diesen Werten auseinandergesetzt haben. Wir haben in endlos langen, ertragreichen Diskussionen unsere Erfahrungen aus dem eigenen Erleben und aus der jahrzehntelangen Tätigkeit als Berater und Coach in den unterschiedlichsten Organisationen ausgetauscht. Dabei sind wir dann auf diese sieben Werte gestoßen. Es ist mehr als wahrscheinlich, dass Sie möglicherweise aus Ihrem eigenen Erleben heraus noch das eine oder andere ergänzen möchten. Vielleicht stimmen Sie nicht überall mit uns überein. Aber nutzen Sie die Gelegenheit und machen sich mit Ihren Kollegen aus Ihrem Führungsumfeld auf den Weg. Sehr gerne unseren Impuls nutzend, raus aus dem Rad, rein in die Natur. Schreiben Sie sich diese sieben Werte jeweils auf eine separate Karte und nutzen Sie die Zeit auf Ihrer gemeinsamen Wanderung und tauschen Sie sich darüber aus, welche Erfahrungen Sie und Ihre Kollegen mit diesen Werten gemacht haben, was Ihnen persönlich schwer fällt, was in Ihrem Unternehmen fehlt, wer ist wo schon Meister, wer eher Geselle oder im Status eines Auszubildenden. Nutzen Sie diese Gelegenheit zum Feedback und halten Sie gemeinsam fest, was ab morgen anders wird. Die Botschaft ist: In homöopathischen Dosen, keine Radikalkur – das Scheitern wäre vorprogrammiert. Gehen Sie mit sich selbst in Klausur, aber seien Sie gnädig mit sich. Machen Sie sich auf den Weg zu Ihrer persönlichen Meisterschaft, was auch immer es sein mag. Die Zeit auf diesem Planeten ist zu kurz, um die Erwartungshaltungen anderer zu erfüllen. Übernehmen Sie die Verantwortung für sich selbst. **Wenn nicht Sie, wer dann? Wenn nicht jetzt, wann dann?**

Eine Anmerkung in eigener Sache

Dass wir uns in diesem Buch auf das Wertesystem fokussieren und dies in Anlehnung an die asiatische Kampfkunst, bedeutet nicht, dass wir all das, was Ihnen ansonsten an Inhalten, Methoden etc. aus der Führungskräfteentwicklung bekannt ist, für unwichtig erachten. Ganz im Gegenteil. Ein „Auszubildender“ im Führungsbereich benötigt diese Kenntnisse, braucht den Übungsraum, um sich zu entwickeln und der Aufgabe gerecht zu werden. Wir stellen nur fest, dass dies nicht mehr ausreicht, je weiter nach oben Sie in der Hierarchie aufsteigen. Und wir erleben in dieser Zielgruppe oft Menschen, die zweifeln, die sich fragen, warum Einiges nicht umsetzbar erscheint. Der Alltagstrott holt uns oft genug ein, so dass Vieles Gelerntem aus dem Bewusstsein weicht. Wir möchten Sie einladen, Ihre Mitarbeitenden andere Erfahrungen machen zu lassen. Wir möchten Sie ermutigen, dass Sie deren Bilder von werteorientierter Führung prägen. Dazu gehört vermutlich auch, dass Sie im Vorfeld für sich selbst neue Wege gehen, also auch Sie neue Erfahrungen machen müssen.

Viel mehr als Theorie – gelebter Praxisbezug

In unseren Seminaren, die Kundenwünschen entsprechend oder gezielt von uns mit Übungen aus der Kampfkunst ausgestaltet sind, ermöglichen wir es den Teilnehmenden, neben einem intensiven Erfahrungsaustausch mit anderen Führungskräften auch den Bezug zur Praxis herzustellen. Wir danken auf diesem Wege nochmals unseren Kunden, die in den letzten Jahren die Bereitschaft mitgebracht hatten, sich auf neue Wege einzulassen. So berichten die Anwesenden im Feedback von einem ungewohnten und bereichernden Erleben des Potenzials eigener Kräfte, von Hebelwirkung statt Erschöpfung bei schwierigen Aufgaben. Sie bekommen einen neuen Zugang zum Umgang mit konfrontativen Ereignissen und empfinden sich als gelassener. Sie erlauben sich, nicht auf jede Provokation einzugehen und reduzieren unter Druck das Gefühl von Stress. Kurz: Sie erleben sich souveräner.

Zu entdecken oder bereits zu wissen, was Sie aktiv beeinflussen und verändern können und an welcher Stelle Sie eine gute Portion buddhistischer Gelassenheit entwickeln müssen, das ist die Herausforderung. Es geht also darum, sich – wie bereits erwähnt – bewusst **für** eine Führungsrolle zu entscheiden und darum, nicht entschieden zu werden.

Wir wünschen Ihnen einen guten Wirkungsgrad.

6 Konkrete Anregungen aus der Kampfkunst zur Übertragung in den Führungsalltag

Im Fluss des Lebens die Staustufen überwinden

Anregung – konsequentes Handeln/Zielfokus

Eine der schönsten Lernchancen aus dem Kampf zwischen zwei Personen im Training ist es Bewusstheit über die Konsequenzen eigener Entscheidungen zu erlangen. Im Unternehmen versickern viele Entscheidungen, denen die Unterstützung durch konsequentes Handeln fehlt (Disziplin). Im Kampf zwischen zwei Menschen bin ich mit mir und meinen Entscheidungen alleine. Ziehe ich mich zurück? Gehe ich nach vorne, greife direkt an? Kontere ich, entdecke ich eine Lücke beim Gegner? Immer erlebe ich sofort die Wirkung und die Auswirkung meines Handelns. Im Training mit dem Sparring-Partner kann ich mich testen und lande – wenn es schief läuft – schlimmstenfalls am Boden und erlebe eine Lernchance. Erlaube ich mir jedoch anzugreifen und verweigere dabei die Konsequenz – den Angriff entschlossen und unter echtem Einsatz meiner Ressourcen vorzubringen – so finde ich mich erneut am Boden wieder. Konsequentes Handeln kann heißen – entgegen den abgedroschenen Sprüchen – mein Ziel zu erreichen auch wenn mein Pferd tot ist. Wenn ich von meinem Ziel unverändert überzeugt bin und es nach Bedarf den geänderten Prämissen angepasst habe, bleibe ich unbeeindruckt von äußeren Umständen wie Zweifel, Nörgelei, Besserwisserei etc.

Ein deutliches Beispiel für diese Konsequenz erleben Sie in Kampfkunst-Schulen.

Fortgeschrittene absolvieren als Teil ihrer Prüfung einen Bruchtest. Dieser wird i. A. wenig geübt, daher auch der Begriff „Test“. Wenn nun beispielsweise ein etwa 10-jähriges Mädchen mit entsprechend kleinen Händen und erkennbar wenig Kraft geradezu mühelos ein ordentliches Brett durchschlägt – dann

J. Schanze, J. Schuster, *Der Weg zur Meisterschaft in der Führung*,
DOI 10.1007/978-3-658-04332-2_6, © Springer Fachmedien Wiesbaden 2014

hat sie bereits etwas verinnerlicht, was für jeden Manager Alltag sein sollte. Sie hat **das Ziel** erreicht und das Hindernis (Brett o. ä.) überwunden. Kampfkünstler lernen, dass der Fokus auf das Brett nur Schmerzen und geschwollene Knöchel bringen würde. Sie konzentrieren sich konsequent auf ihr Ziel – im Beispiel der Raum **hinter** dem Gegenstand (im Ernstfall soll die Faust nicht **auf** den Angreifer treffen um ihn zu massieren, sondern „Deep Impact" auslösen um sehr deutlich abzuwehren). Wir würden uns oft wünschen, dass in Meetings so konsequent auf das definierte Ziel hingearbeitet würde, wie leidenschaftlich über die Hindernisse diskutiert wird.

Fazit

- Hindernisse sind die erschreckenden Dinge, die wir sehen sobald wir unseren Blick vom Ziel abwenden (Hannah More)
- Konsequenz wird erleichtert, wenn Ziele einen klaren Sinn haben/ein „Wofür". Und „Engagement-Fallen" durch Anpassung des Zieles bei geänderten Rahmenbedingungen vermieden werden.

Anregung – Komplexität

Eine der Säulen der Kampfkunst ist die Reduktion auf das Wesentliche. Ihr Bild mag anders aussehen, in vielen Kampfkünsten gibt es „Demo-Teams" die beeindruckende Artistik zeigen. Das ist Marketing und natürlich auch eine Freude über die erreichte Körperbeherrschung. Die Show im Außen verdeckt für den Laien die tiefe innere Haltung der Reduktion auf **das Wesentliche**. Je länger jemand trainiert, umso effektiver werden seine Techniken, umso stärker der Output jeder einzelnen Aktion. Ein Kampf dauert dann im Idealfall nur Sekunden, ohne dass der Angegriffene/Handelnde auch nur einen deutlich erhöhten Puls hat. Eine fortgeschrittene Führungskraft schont ebenso ihre Ressourcen durch schnelle, klare Entscheidungen und Fokus auf die Reduktion komplexer Abläufe. Tatsächlich erleben wir, dass das Thema Komplexität seit Jahren auf vielen Agenden steht und die Realität uns ständig durch ein Ansteigen komplexer Vorgänge, Vorschriften etc. überholt. Komplexität kann schnelles Handeln erschweren, träge machen – im steigenden Wettbewerb mit asiatischen Managern ein Nachteil. Denn in Asien, besonders in China ist Wettbewerb ganz klar und offen ein Kampf, der möglichst mit Schnelligkeit, Schlagkraft und Flexibilität geführt wird. Und den langfristigen Sieg immer vor Augen hat, auch wenn vorübergehend ein Umweg nötig wird, ein Kompromiss, ein Zweckbündnis. „Die Kunst des Krieges“ von General Sun Tsu ist Pflichtlektüre in China, auch im Westen hat sich das 2.500 Jahre alte Werk als Dauerbestseller der Management-Literatur etabliert.

Zur Reduktion gehört im Osten häufig die hohe Identifikation mit dem Unternehmen (und dem Heimatland), dessen Wohl höher angeschrieben ist als im Westen. Hier wollen viele Leitende zuerst selbst brillieren und bringen sich mit jedem Erfolg innerlich bei Headhuntern in Stellung. Das bedeutet mindestens einen zweifachen Fokus und mehr Aufwand, vielleicht einen Zielkonflikt (das Beste für mich oder für meinen Arbeitgeber anstreben?).

Fazit

- Kampfkunst definiert das Ziel schnell und reduziert den dafür nötigen Ablauf auf ein Minimum.
- Kampfkunst „Reduces to the Max“.
- Das Wesentliche bleibt im Fokus – in der Kampfkunst die Behauptung der eigenen Mitte/im Management die effiziente Nutzung von Zeit und Ressourcen auf dem Weg zu einem Ziel. In beiden Disziplinen durch flexible Wege, individuelle Geschwindigkeit und Konsequenz in der Ausführung.
- Prozesse haben idealerweise das Ziel Komplexität zu reduzieren. Wie fördern Sie dieses Ziel?
- Regulierungswut lässt schwache Führung vermuten.

Anregung – Overload

„Attack the work you fear most **first**!“ empfiehlt der amerikanische Consultant Robert Pater, der sich schon seit den 80ern sehr erfolgreich im Management der Lehren der Kampfkunst bedient und darin Hunderte von Führungskräften trainiert hat.

Folgen können Sie dabei Ihrer Intuition, soweit Sie diese im allgemeinen Lärm wahrnehmen. Welche Aufgabe meldet sich in Ihrem Kopf immer wieder, immer lauter? Bereitet Ihnen vielleicht sogar Unbehagen – nervt? Mit der zeitnahen Erledigung gewinnen Sie folglich inneren Freiraum – analog zum

Kampf mit mehreren Angreifern. Auch dort würde der Verteidiger den gefährlichsten, den Anführer möglichst zuerst außer Gefecht setzen.

Die Frage könnte morgens im Büro ebenso lauten: Welche Aufgabe bietet die meisten *Chancen*? Menschen mit steiler Karriere haben wahrscheinlich genau dafür den richtigen Blick. Statt sich den immer öfter erkennbaren Ohnmachtsgefühlen schicksalhaft zu ergeben, können wir eine Chancenkultur entwickeln und trainieren.

Denn **Gestalten oder nicht** ist für Führungskräfte niemals eine Frage, schließlich verleiht Ihre Position Ihnen (Gestaltungs-)Macht. **Gestalten** ist der Job, der Auftrag. Und braucht ein Mindestmaß an innerer Ruhe und Konzentration.

Erschütternd ist in diesem Kontext eine Statistik, die nach Gründen suchte, warum Führungskräfte ihre Rolle **nicht** optimal ausfüllen können: Über 60 % der befragten ManagerInnen gaben Zeitmangel oder übermäßigen Druck an, nur knapp 15 % widersprachen und empfanden ihre Führungsrolle optimal erfüllt.[1]

Bleiben wir also bei der absoluten Mehrheit und der statistisch erfassten Opferhaltung.

Technik und Bürokratie kosten immer mehr Zeit, fand das bekannte Fraunhofer Institut längst heraus. Das Lebendige ordnet sich also dem Leblosen unter – wir stellen uns in den Dienst von Strukturen die wir selbst geschaffen haben. Was folgt sind Atem- und Chancenlosigkeit als gesellschaftliche Grundhaltung, Sprenger benennt das Phänomen als „Gesellschaft, in der das schlechte Gewissen zum Normalzustand wurde".

Und genau hier können wir ansetzen, denn erkennbar bietet sich die Lücke in der Deckung des übermächtigen Angreifers „Workload". Unser Bezug dazu nämlich, die Macht die wir selbst dem Phänomen zubilligen. Warum nur erlauben wir der Situation diese Form der Eskalation? Schlechtes Gewissen bedeutet psychologisch in etwa „Angst vor dem Verlust der Zugehörigkeit". Eine archaische Warnung unserer Emotionen aus einer Zeit, als das Überleben nur durch die Horde gesichert war und ein ausgestoßener Hominide höchstwahrscheinlich dem Untergang geweiht.

Ausgestoßen, weil wir das Spiel allgegenwärtiger Überlastung ablehnen? Dem Tod geweiht, weil wir dem Kollegen ein höfliches, aber klares „Nein" entgegen setzen? Es wäre an der Zeit zu lächeln, wenn es nicht so traurig wäre wie

[1] Akad. für FK der Wirtschaft GmbH.

unsere Prägung uns immer wieder im Griff hat. Und sehr **menschlich** ist es auch, also bleibt das Lächeln, wenn Sie wollen. Es ist jedenfalls an der Zeit für eine tatsächlich **führende** Führungskraft erneut die Perspektive zu wechseln. Den Kopf über das tosende Gedöns zu erheben und sich Überblick zu erlauben. Die Limitation durch die übergeordnete Organisation bedeutet – je nach Kultur und gelebten Werten – meist schon Einschränkung genug.

> Wir können feststellen, dass die Qualität unserer Arbeit und der Output unseres Teams von unserer eigenen Qualität als Führungskraft abhängt.Ursächlich und in weitgehender Konsequenz.

Dieses Zitat einer Kollegin holt uns zurück auf den Boden der Tatsachen. Und es geht beileibe nicht nur um Zeitmanagement und Delegieren, sondern um Abschied von Perfektionismus und selbstgewählten Sachaufgaben. Es geht um das gute alte Gesetz der Verhältnismäßigkeit von Vilfredo Pareto oder um Eisenhower und sein Quadrat. Hilfreiche Tools zum Selbstmanagement gibt es reichlich und den bekannten, oft verdrängten Satz: „Wer morgens nur mal schnell seine Mails checkt, hat schon verloren.“ Zu verlockend die fast suchtartige Ablenkung durch die allgegenwärtigen Bildschirme und Displays. Bitte bedenken Sie, dass resignieren und sich dem Overload ergeben auch eine Flucht vor der Verantwortung bedeuten kann. „**Never give up**“ lautet das Credo in der Selbstverteidigung und kann Sie vielleicht zurückbringen zu Ihren eigenen Zielen – worum geht es wirklich, was wollen Sie mit Ihrer Unit erreichen, was nützen die 20 + To Dos die heute in Outlook stehen Ihren aktuellen Zielen? Oder dem Kunden? Bedenken Sie bitte: Ohne eigenes Ziel gelten fremde Ziele, also Fremdbestimmtheit.

Fazit

- Die innerbetriebliche Nabelschau durch extensives Berichtswesen entfernt uns vom Markt.
- Kollaps und Opferhaltung gegenüber der schieren Menge an Arbeit entmündigt die Führungskraft.
- Chancen-Kultur: Viele Mitarbeiter hängen in der Luft, erleben sich ohnmächtig, statt Chancen zu sehen, zu schaffen, zu ergreifen.

Anregung – Entspannen Sie sich gefälligst!

„Wer sich dauernd anspannt, muss auch mal loslassen können" – könnte auf Prospektmaterial zum Thema Stress – oder Selbstmanagement stehen. Allerorten gibt es inzwischen auch Kurse, mit denen wir die natürlichste Sache der Welt – das Atmen – wieder lernen können. Time-Out Seminare mit meditativen Anteilen, Zen für Manager, Achtsamkeitstraining – die Liste ist lang und durchaus sinnvoll, nur leider meist nicht wertvoll genug.

Wir übersehen dabei zu oft etwas Grundlegendes: Entspannen ist überflüssig und auch völlig kostenlos verfügbar – denn Entspanntheit ist unser ganz natürlicher Zustand. Sie können absolut entspannte und damit *ressourcenschonende* Bewegung in der Tierwelt und bei den wenigen verbliebenen Naturvölkern jederzeit beobachten – so geht es, genau so waren wir auch einmal. Der natürliche, genetische Zustand wird vom menschlichen System jedoch zu jeder Zeit angestrebt und damit *von selbst* erreicht – wenn wir nur aufhören diesen Zielzustand zu verhindern.

Die Anspannung, insbesondere der Hals- und Nackenmuskulatur, der Gesäßmuskeln, Kiefermuskulatur etc. bewirkt einen kontinuierlichen Energieverlust, Fehlhaltungen und Schmerzzustände. Das Zusammenspiel von flacher Atmung bei Stress und unmerklichem Einrollen der Schultern verstärkt die Symptomatik und sorgt auch im inneren Erleben für ein Gefühl von Druck und Anspannung. Körperliche Symptome und emotionales/psychisches Wahrnehmen gehen dabei Hand in Hand. Je mehr sich unsere Muskeln verspannen, umso weniger nehmen wir schließlich weitere körperliche Signale wahr – wir spüren uns nicht mehr, wir verlieren das Gefühl für uns selbst. Ein typisches Phänomen unserer Zeit.

Selbstverständlich sollte niemand solche Zustände bei sich selbst akzeptieren, reduzieren sie doch messbar die Fähigkeit zu optimaler Performance – geschweige denn zu einem glücklichen Leben. Ein Mensch mit dauerhaften Beeinträchtigungen dieser Art wird niemals seine Leistung zu 100 % erbringen können – sondern immer zum Teil *gegen sich selbst* und den tiefen inneren Wunsch nach Loslassen und Entspannung anarbeiten – und „Gegen sich selbst" kostet die meiste Kraft. Opfer der Umstände könnte ein Gefühl lauten, das unweigerlich auftaucht – oder aber: „Du bist nicht gut genug! Tu' noch mehr", könnte eine interne Reaktion sein, und die Spirale ins Elend läuft schneller.

Ergebnis: Dem Gefühl des kontinuierlichen Drucks, von Hetze und zeitraubenden, aber sinnfreien Besprechungen können wir niemals durch das zusätzliche To-Do „Entspannen, aber plötzlich!" begegnen. Wir fühlen uns bei dem verzweifelten Versuch einen Seminarinhalt oder kluge Sprüche zu Hause neu zu beleben höchstens als Loser.

Was wirklich entspannt ist empfundene Stärke! Ein Weg um Menschen in die Entspannung zu bringen, ist ihnen entsprechende Angebote zu machen die sie mehr Kraft und besonders *Selbstwirksamkeit* erfahren lassen.

Egal, ob Sie sich durch ein Coaching, Weiterbildungsangebote oder ganz persönlich auf die Suche machen – wenn Sie entspannen wollen, brauchen Sie Anregungen, die Sie aufbauen, resp. die Ihnen den Zugriff auf Ihre eigene Stärke wieder möglich machen. Anspannung geschieht unbewusst, niemand würde diesen Zustand freiwillig anstreben. Entspannung geschieht auf gleichem Weg – je sicherer und stabiler sich jemand fühlt, umso mehr kann er loslassen und erleben, dass sich Entspannung von selbst einstellt. Training oder Methoden die gut zu Ihnen passen, können dieses Erlebnis dann verstärken. Es ist jedoch niemals die Methode alleine.

Fazit

Bewegung (id est *Leistung*) kommt aus der Entspannung. Angespannte Muskeln haben schon einen Teil ihrer Energie investiert – wirkliche Bewegung/hohe Leistung kommt aus der Widerstandslosigkeit. Entspannung ist Widerstandslos – ein niedriger Muskeltonus ermöglicht erst die schnelle und effektive Handlung bei Bedarf. Dabei ist die Überlegung bedeutend, wo denn unsere An- und Verspannung herrührt. Verspannung ist erkennbar nicht unsere ursprüngliche Natur – irgendwo auf unserem Weg haben wir uns also offensichtlich selbst die Entspannung genommen. Aikido-Meister Gerhard Walter erkennt entsprechend folgerichtig: „Ein verspannter Mensch ist ein entspannter Mensch der sich verspannt. Ein ineffizienter Mensch ist ein effizienter Mensch, der sich selbst im Weg steht. Ein nicht präsenter Mensch ist ein Mensch der seine Präsenz verhindert. Es wäre intelligenter sich nicht mit positivem Denken zu quälen, sondern den negativen Zustand aufzulösen, der das positive Denken erst nötig erscheinen lässt."[2]

[2] Kampfkunst als Lebensweg, Kristkeitz.

Anregung – Gelassenheit

> Wer ein Ziel hat, kann entscheiden – wer entschieden hat findet Ruhe.
> Wer Ruhe findet, ist sicher – wer sicher ist, kann nachdenken.
> Wer nachdenkt, kann verbessern. (Konfuzius)

In einer Welt der kontinuierlichen Veränderung empfinden viele Mitarbeiter eine zunehmende Unsicherheit. Evolutionär sind wir geprägt unser Überleben zu sichern durch das Wiedererkennen und Aufrechterhalten vertrauter Situationen um uns so Sicherheit und bei Gefahren einen Handlungsspielraum zu schaffen. Begriffe wie „Heile Welt", „Nostalgie" oder die Musik aus „unserer Zeit" sind Beispiele aus unserem Alltag. **Constant Change** ist das Gegenteil und damit potentiell der schiere Stress für die meisten Menschen, für die ganz natürlich ein Erleben von Kontinuität mit Sicherheit und Zufriedenheit identifiziert ist.

Gelassenheit ist entsprechend ein seltenes Gut, für das es sowohl im Elternhaus als auch im Unternehmen kaum noch prägende Vorbilder gibt. Konfuzius gibt deswegen in seiner Anregung eine wohltuende Richtung vor – aus einer Atmosphäre von Sicherheit und Ruhe heraus Neues zu entwickeln, ein wertvolles Ziel als sinnstiftend vor Augen. Die Kampfkunst schult Gelassenheit, indem sie hektischen Aktionismus ad absurdum führt und gleichzeitig innere wie äußere Stärke trainiert. Wie reagieren Menschen auf Angriff? In Organisationen finden Angriffe selten offen statt, gleichwohl ist ein übertragbares Leitprinzip bei jeder Art der Konfrontation sich **emotional** möglichst **wenig zu engagieren**. Es sind Gewohnheit und Prägung die für Stress, Angst, Wut, Aggression etc. sorgen und gegen den kühlen Kopf stehen, der uns im Konfliktfall tatsächlich unangreifbar macht. Unsere Chance besteht also darin, die unbewusste Reaktion (z. B. Zorn) gegen eine bewusste (z. B. innere Ruhe) zu tauschen. Und damit die Handlungsmaxime selbst in der Hand zu behalten – der Angriff verfehlt sein Ziel und läuft ins Leere.

In der Kampfkunst wie in der Führung verschafft ein Rückwärtsschritt etwas **Abstand zum Problem** (zum Angreifer) und damit sofort mehr Überblick, eine andere Perspektive. Das ist ganz real und **räumlich** gemeint, probieren Sie es einfach aus. Sollten Sie Erfahrung in systemischen Denken haben, wird Ihnen die Intervention einleuchten: Bewegung aus dem Körper heraus ermöglicht auch dem Hirn sofort eine andere Wahrnehmung, in der neue Optionen sichtbar werden. Und lächeln Sie, wenn die Situation es erlaubt – **jede** Gefahr verliert dadurch an Bedeutung.

Das Vertrauen in die eigene Kraft und Reaktionsfähigkeit *bei Bedarf* ist eine Tugend die erdet, solange sie frei von Ostentatismus bleibt. Gleiches gilt für jede Führungskraft: Innere Stärke und Selbstführung sind Voraussetzungen für Gestaltung, gepaart mit dem Vertrauen in die eigene Wirksamkeit. Natürlich muss, **wer führen will** diese Begriffe innerlich positiv besetzt haben und als selbstverständliche Ressourcen seiner Arbeit erkennen. Wenn wir uns auf dieser kraftvollen Basis mehr Gelassenheit erlauben, senden wir ein starkes Signal der Orientierung an unser Team. Und verdienen uns auch damit Loyalität.

Fazit

- Wer sich auf sich selbst verlassen kann, bietet Widersachern kaum Chancen zu Entfaltung von unsauberer Konfrontation über Mobbing, Flurfunk etc.
- Kampfkunst erweitert den **Handlungsspielraum** – handeln Sie unkonventionell/überraschen Sie mit neuen Lösungen/seien Sie kreativ bei Konfrontation. Gelassenheit lädt dazu ein, denn Ihr Verstand bleibt klar.

Anregung – Umgang mit Feedback und Kritik

Bitte beobachten Sie sich selbst erneut aus der Position des Beobachters. Wie reagieren Sie auf Feedback jenseits von Lob und Anerkennung? Erleben Sie sich z. B. in einer Mischung aus Defensive, Erklärung oder ggf. Trotz und Zorn? Also schlichtweg verunsichert bei Gegenwind? Oder konfrontativ, sofort die Waffen oben? Auch das ist wahrscheinlich kein Zeichen von Souveränität. Taiji ermöglicht uns ein ganz anderes Potential. Taiji lehrt uns unsere Mitte niemals aufzugeben und unseren Stand zu wahren (Beine) – bei fließender Flexibilität (Oberkörper). Wo ich angegriffen werde, reagiere ich mit Leere. Wo der Angreifer eine Blöße offenbart, antworte ich mit Fülle. Im Unternehmen heißt das, ich bleibe innerlich Neugierig bei einer Kritik. Ich gehe davon aus, dass es um die Sache geht, niemals um die Person. Gerade wenn der Kritiker höchst unsachlich mich direkt angeht hat er bereits eine Blöße offenbart und „verloren". Verbal kann meine Antwort also wie im Rhetorik – Seminar lauten: „Ach so sehen Sie das? Interessant" – oder ähnlich. Vielleicht lächeln Sie auch nur freundlich und nachsichtig. Sie lassen den Aggressor ins Leere laufen, konfrontieren nicht, argumentieren weiter sachlich.

Ob es vielleicht tatsächlich im Kern ein interessanten Einwurf ist und ein attraktiver Lösungsansatz entstehen kann, mögen Sie von Fall zu Fall entscheiden. Aufgeregt, aggressiv oder genervt verlieren Sie sich (Authentizität) und die Diskussion. Standfest in Ihrer Persönlichkeit und flexibel in der Sache haben Sie deutliche Vorteile auf Ihrer Seite, zumal erkennbare Souveränität Ihnen Glaubwürdigkeit im Team verleiht.

- Können Sie kritisches Feedback ruhig anhören und gelassen prüfen, ob es hilfreich sein kann? Das kommt dem Ideal von „Siegen ohne zu kämpfen" nahe.

Anregung – Die Kraft des Schweigens/Innere Ruhe für starke Rhetorik

Kampfkunst ist schweigende Kommunikation. Das Überleben bei einem Angriff liegt in der Qualität mit der ein Aggressor beobachtet wird. Führung ist ruhige Kommunikation, rhetorischer Feinschliff wird nur wichtig bei der Vermittlung von Zielen oder bei Präsentationen. Im Umgang mit Mitarbeitern, Kunden, Vorgesetzten und Kollegen gibt es kaum eine höhere Qualifikation als aufmerksames, waches Zuhören und Beobachten.

Früher, besonders im Vertrieb wurde gepredigt: „Wer fragt führt". Gute Fragetechnik, um z. B. zum Kern eines Problems vorzustoßen oder in der Verhandlung den Spielraum des Partners auszuloten hat ihren Wert und lohnt den Einsatz. Nach der gestellten Frage, und übergeordnet für das ganze Gespräch gilt jedoch klar die Regel: „Wer gut zuhören kann, führt". Wie oben beschrieben nehmen Sie nur so auch die vielen nonverbalen Signale Ihres Gegenübers wahr. Und die erzählen Ihnen zusätzlich zu den gehörten Argumenten Vieles über die Stimmung und die Stimmigkeit die das Innenleben Ihres Gesprächspartners gerade bewegen. Dazu benötigen Sie keine Kurse in Körpersprache, gute Selbstbeobachtung genügt meistens.

Anders die Situation in vielen Organisationen, in der ganzen Gesellschaft. Zwei Menschen mit hohem Rededruck stehen sich gegenüber und praktizieren „Sprungbrett-Zuhören". Sie warten nur auf das richtige Stichwort oder eine kurze Atempause des Anderen, um sofort wieder selbst verbale Inkontinenz zu praktizieren. Nach einer Stunde gehen beide auseinander (oder eine ganze Gruppe), mit dem Ergebnis dass es kein echtes Ergebnis gibt.

Gute Zuhörer können die wichtigsten Punkte des Partners nicht nur verstehen, sondern aufnehmen und in die eigene Argumentationskette einbauen. Das macht „unschlagbar“ – Kommunikation wird für Sie zu einer effektiven und mühelosen Kür in der Pflicht des Anliegens. Sie werden sich besser durchsetzen und Ihre Ziele und Wünsche leichter erreichen. Königsklasse bedeutet, dass Sie noch die 90-Sekunden Regel beachten – länger kann ein Mensch sich nicht ununterbrochen auf einen anderen konzentrieren. Dann schweifen die Gedanken unweigerlich ab, wenn auch nur kurz. Die unfreiwillige Vorlage bietet vielleicht ein Stichwort, das eine Assoziation in Gang setzt oder eine Ablenkung von außen. Effizienz im Reden heißt daher, dem Partner mit kurzen (rhetorischen) Rückfragen oder Kunstpausen immer wieder abzuholen.

Bedenken Sie auch, dass unser Gehirn **alles** Gesagte in Bilder übersetzt. Sie können diese Erkenntnis für sich nutzen, indem Sie selbst die gewünschten Bilder im Gehirn des Zuhörers anregen, etwa durch Metaphern oder kleine Einschübe wie „Stellen Sie sich vor“.

Weichspüler-Sprache mit reichlich Negationen und dem Mode-Unwort „man“ inflationär eingesetzt, erschwert das Erreichen schneller Ergebnisse. Es ist uns offengestanden zu banal zu erwähnen, und doch ist diese Art Harmonie heischender Sprache gelebter Alltag in unserer Gesellschaft. Horchen Sie sich gelegentlich Interviews mit Fußballstars an. Vermissen Sie klare Worte? Erleben auch Sie den spontanen Wunsch dem einen oder anderen Kicker ein Rhetorik-Seminar zu spendieren? Natürlich erwarten wir von Beinarbeitern keine verbalen Höchstleistungen – doch sprechen wir im Unternehmen wirklich so viel anders? Wenn auch gerne mal ziemlich elaboriert, um Bildung zu demonstrieren? Vielleicht erinnern Sie sich, wie eine bekannte Mode-Designerin von ein paar Jahren mit ihrem „Denglisch“ durch die Gazetten gezogen wurde. Unverständlicher Kauderwelsch behindert Führung. Hüten Sie sich also vor zu viel Anglizismen und Pseudo- intellektuellen Ausdrücken vermeintlicher Managersprache. Wer klar denkt, spricht auch klar, kurz, präzise und behält das Ziel/Thema des Gesprächs jederzeit im Blick.

Fazit

- Zuhören ist das Gegenteil von Passivität. Zuhören ist eine selten gewordene Kunst aktiver Aufnahme (und ggf. Steuerung) von Informationen und damit eine bedeutende Führungskompetenz.

- Aufmerksamkeit: Die nonverbalen Signale von Gesprächspartnern registrieren kann nur, wer den eigenen Wasserfall im Griff hat.
- Die 90-Sekunden Regel wird wenig beachtet. Ausdauernde Monologe statt Dialog werden nicht selten als Übergriff empfunden und erregen eher Ablehnung als die gewünschte Zustimmung. Wie viel Zeit geht durch Redundanz verloren?
- Überzeugen durch Minimalismus: Wenige starke und klare Argumente im entscheidenden Moment, wenn andere sich verausgabt haben.

Anregung Selbstführung – Sicherheit

Das größte Defizit der Leistungsgesellschaft scheint fehlende Sicherheit zu sein; oft kompensiert durch extreme, selbst ausbeutende Leistungsbereitschaft mit der Gefahr stressbedingter Gesundheits- und Sinnkrisen. Erfolg durch Leistung am Limit gibt wohl eine Hoffnung von Unangreifbarkeit, obwohl die drohende Enttäuschung von vielen unbewusst schon geahnt wird. Das zeigt sich in der desillusionierten Minimalerwartung die ManagerInnen für ihre Performance einfordern. Tatsächlich lautet ein häufig geäußerter Satz unserer Gesprächspartner bescheiden: „Man will sich keine Fehler nachsagen lassen" – oft gehört auch als eine Perspektive des Phänomens Perfektionismus.

Das Wörtchen „man" signalisiert dabei schon ein starkes Gefühl von Fremdbestimmtheit. Wie anders wäre im Gegensatz das wünschenswerte Erleben von Selbstbestimmung und vor allem Selbstwirksamkeit? Und darauf aufbauend ein selbstverständliches alltägliches Grundgefühl von Sicherheit in der eigenen Person als Basis für das **gelingende** berufliche Leben.

Wir fragen Sie erneut: Was außer dem Atemzug den Sie gerade tun ist wirklich sicher? Und wozu brauchen wir dieses utopische Gefühl von Sicherheit so sehr? Und weshalb suchen wir es so stark im Außen?

Die Erfahrung mit dem eigenen Körper in der Kampfkunst, besonders stark im Tai Chi lässt uns erleben wie wir immer sicherer auf unseren eigenen zwei Beinen stehen. Als Basis für die eine grundlegende Erkenntnis: Ein echtes Gefühl von Sicherheit kommt nur aus mir selbst und finde ich nur in mir selbst. Kein Kontostand, kein schnelles Auto, kein anderer Mensch mit dem ich lebe und schon niemals ein Unternehmen mit seiner wechselvollen Geschichte wird mir einen Kontrakt auf unverbrüchliche, lebenslange Sicherheit anbieten.

Für Ihre Reflexion sicherlich interessant ist die Frage nach der selbst erlebten Sicherheit frei von den äußerlichen Absicherungen und Symbolen: Wer oder was sind Sie ohne Ihren Beruf? Wie selbstsicher können Sie werden oder sind Sie längst?

Anregung Selbstführung – mehr Kontrolle der eigenen Gefühle

Was ist ein Gefühl? In der emotionslosen Welt von Zahlen und Fakten beschreiben sich Führungskräfte gerne als handlungsorientierte Verstandesmenschen. Das ist in sich bereits ein Widerspruch wie uns die Neurobiologie lehrt (Kap. 3). Dennoch, bleiben wir bei dem Anspruch den Manager gerne an sich stellen. Wie gerade bei Gelassenheit beschrieben, sind wir durchaus in der Lage auf einen Zuwachs an Kontrolle auch in herausfordernden Situationen hinzuarbeiten. Und zwar Kontrolle über uns selbst, alles weitere ergibt sich dann situativ.

Was also ist ein Gefühl? Es ist ein nachgelagertes Phänomen, das einer meist unbewussten Bewertung der Situation folgt.

Evolutionär betrachtet als Beispiel: Zuerst sehen wir das Raubtier, dann reagiert unser limbisches System in Sekundenbruchteilen mit dem Erstellen des Gefühls „Furcht" um unser Überleben durch Flucht zu sichern. Konkret folgt aus dem Gesagten für den Aspekt der Selbstführung – wenn wir unsere Bewertung einer Situation ändern, gestalten wir auch die Gefühle neu die wir wahrnehmen. Das als Kampfkunst im Westen meist unterschätzte Taiji lehrt einer Konfrontation möglichst mit offener Neugier zu begegnen. Das alleine wirkt bereits deeskalierend, und lässt zugleich dem Angegriffenen jenseits von Stress und Tunnelblick Zugriff auf sein Arsenal für eine gezielte Reaktion.

Wir plädieren zu keiner Zeit für eine Welt der Gefühlskontrolle – das wäre eine wenig artgerechte Führungswelt und ist als gescheiterter Versuch täglich erlebbar als eine wichtige Ursache des Phänomens Burn-Out. Die Einladung besteht darin, sich des Signalweges von Wahrnehmung – Bewertung – Gefühl klar zu werden. Und dort, wo Sie Ihre Gefühlswelt als kraftraubend oder unbekömmlich erleben nach anderen Möglichkeiten der Bewertung zu suchen.

► Ein lohnendes Ziel kann lauten sich selbst in jeder Situation als handlungsfähig zu erleben.

Fazit

- Emotionen unterdrücken: wohin denn bitte? Die körperliche Auswirkung ist Stress. Bleiben Sie echt, in Ihrer (ganz normalen, menschlichen) Emotionalität. Sollten Sie Ihre Gefühlswelt als belastend empfinden, beobachten Sie genau das wertvolle Feedback Ihres limbischen Systems. Vielleicht verlangt Ihre derzeitige Situation einen Interessenskonflikt, ist unvereinbar mit Ihren Werten und Zielen.
- Wahrnehmen der unbewussten Bewertung führt zur Chance der bewussten Neubewertung

Anregung Selbstführung – mehr Freiheit/Trial and Error

Zweiter Aspekt: Wir unterdrücken Emotionen regelmäßig, weil sie scheinbar nicht in unsere berufliche Welt passen. Die Frage wurde schon gestellt: wohin denn? Unterdrückte Gefühle werden nach dem simplen Prinzip von Druck und Gegendruck bestenfalls stärker. Von geradezu prophetischer Kraft ist in diesem Zusammenhang der englische Begriff der „Depressed Energy" für unterdrückte Aggression/Wut. Depression, Verspannung und viele andere körperliche Symptome zeugen in unserer Gesellschaft von Gefühlen, die wir nicht artikulieren wollen oder nicht zeigen zu dürfen **glauben**.

Eine der Triebkräfte dazu ist die westliche Kultur des inneren Publikums, der laufenden inneren Bewertung und leider oft auch Abwertung im eigenen Kopf – die wie eine kontinuierliche Geräuschkulisse im Hintergrund mitläuft. Bis es angesprochen wird, ist vielen Menschen nicht bewusst, wie sehr sie sich in einem ständigen selbstgemachten Abgleich mit der Umwelt befinden und auch dadurch Kraft verbrauchen. Sicher ist das ein evolutionäres Programm, denn Zugehörigkeit zur Gruppe war immer ein wichtiger Überlebensfaktor. Ist die innere Sicherheit durch die individuelle Biographie jedoch gering ausgeprägt, kann das Phänomen zu viel Kontrolle ausüben und Handlungsfreiheit einschränken. Entsprechend erleben wir in Workshops Menschen, die immer sofort etwas können **müssen**, und sich ein ausprobieren und üben nicht erlauben.

Gibt es einen inneren Abgleich mit **vermuteten** Erwartungen Ihres Umfeldes? Erleben Sie starke innere Diskussionen mit Kollegen oder Vorgesetzten um sich zu rechtfertigen, Ihre Position verständlich zu machen?

Die östliche Welt kennt das Phänomen auch, hat jedoch als Gegenangebot die schon erwähnte Haltung des „Gong", des kontinuierlichen Übens und Verbesserns.

Übertragen in den Alltag bedeutet das: Eine Handlung muss dann nicht perfekt sein, entscheiden und korrigieren wird leichter. Das innere Publikum braucht nicht erst überzeugt zu werden, die im eigenen Kopf vorweggenommene Kritik durch Kollegen bleibt aus. Als Chance bietet sich durch Reduzierung von Gedankenlärm ein Zuwachs an innerlicher Ruhe, Entscheidungskompetenz und Kreativität im Lösen von Problemstellungen – mehr Energie.

Fazit

- Eine Kultur des kontinuierlichen Übens und Verbesserns kann die Kultur des inneren Publikums, der inneren Beobachtung und Bewertung/Abwertung ersetzen.
- Die innere Erlaubnis zu entscheiden, zu korrigieren und zu ändern reduziert Gedankenlärm.

Anregung – wider den Entscheidungsstau

Sie werden es sicherlich als unmöglich anerkennen, ein Sparring auf der Matte mit einem Entscheidungsstau durchzustehen. Entscheidungsstau im Unternehmen ist teuer, sehr teuer. Die Lähmung ganzer Abteilungen durch Multitasking, Zeitdruck und überforderte Führungskräfte kostet Energie in Form von Kapazität und Engagement und verschärft auf der anderen Seite Überforderung und Frustration. Als geradezu wohltuend wird es von Gesprächspartnern regelmäßig geschildert, wenn irgendwo schnell und klar entschieden wird. Mit allen Konsequenzen bei Verantwortung und Standhaftigkeit. Und genau das schult uns auch die Kampfkunst – das Bild ist so deutlich, dass Sie dafür keine einzige Stunde im Dojo oder Boxring zubringen müssen. Hier kommt der Angriff, und Sie entscheiden sich in Sekundenbruchteilen für Ausweichen, Blocken, Kontern oder Aufgeben. Viele Menschen haben sich unbewusst zu irgendeiner Zeit ihres Lebens dafür entschieden, dass Aussitzen der beste Weg zum Überleben scheint. Egal ob Konsens-Orientierung, Überforderung, oder ein Problem mit der Übernahme von Verantwortung die Ursache sein mag – Sie beobachten dieses Verhalten in Ihrer Umwelt beruflich wie privat täglich.

Auch das „Nicht-Entscheiden“ ist letztlich eine Entscheidung und kann situativ seine Berechtigung haben. In vielen Fällen hat es in Organisationen jedoch die Qualität des Blockierens bekommen, die vielleicht durch eine neue Entscheidungskultur und in jedem Fall durch eine neue Qualität in der Führung beseitigt werden kann. Die archaische Überlebensstrategie „Tot stellen“ muss dann bewusst ersetzt werden, der Modus der schnellen Entscheidung kann sogar trainiert werden. Es ist ein Frage der Haltung und eine Frage der inneren und äußeren Sicherheit in der ich mich wähne.

Die Welt ist nicht berechenbar

Was scheitern könnte, wird oft lieber gar nicht in Angriff genommen. Wir müssen uns fragen woher die die Angst vor der Entscheidung oft kommt – was wird denn befürchtet? Dazu gibt es, wie so oft eine tief verwurzelte archaische Antwort: Schuld und Scham. Das sind Gefühle mit denen wir uns nicht konfrontieren möchten, weshalb wir Fehler jenseits vom rationalen Erleben fürchten.

Fast jede Aktion ist ein Stück weit reversibel, sollte sich die Entscheidung als Irrweg zum Ziel herausstellen. Die Idee des Kai-zen ist nicht die **lineare** Steigerung der Produktivität oder Reduktion von Kosten sondern der **beste Weg** zum Ziel. Und der ist selten geradlinig, ähnlich einer Bergtour kann die Umgehung eines Hindernis notwendig sein. Konkret: Selbstverständlich bedeutet jede Entscheidung das Verwerfen anderer Optionen. Wir plädieren für einen **weiten Blick** bei schwierigen oder tiefgreifenden Entscheidungen: Was sind die Kosten einer Verzögerung? Verstärkt sich die Unsicherheit im Bereich, verzögert sich ein Projekt, warten Nachbarabteilungen auf den Input? Und bin ich offen genug um ggf. auch einen dritten oder vierten Weg zu beschreiten, jenseits von Ja–Nein?

Das vermutlich aufkommende asiatische Zeitalter könnte uns auch zwingen – asiatische Manager entscheiden in Vergleichsstudien deutlich schneller und gehen damit auch mal ein Risiko ein. Bereit bei Bedarf blitzschnell umzusteuern, wo wir im Westen lieber *noch* eine Arbeitsgruppe oder ein Projektteam, eine weitere Studie initiieren um uns ultimative Sicherheit vorzugaukeln. Ist außer dem Atemzug, den Sie jetzt gerade tun irgendetwas absolut sicher?

Fazit

- Erleben Sie bei sich und in Ihrer Organisation eine Kultur in der sich sowohl Entscheidungsfähigkeit und -bereitschaft entwickeln? Oder werden aus Angst vor Fehlern Entscheidungen vermieden/verzögert/ausgesessen?
- Reversibility of Action – das schnelle Umsteuern ist sowohl exzellente Führung als auch exzellente Kampfkunst
- Lieber schnell entscheiden als gar nicht. Es jedem Recht machen zu wollen ist unmöglich – und wirkt kraftlos.

Anregung Selbstführung – Haltung

Die fast normale Missachtung des Körpers bei gleichzeitiger Überbewertung des Gehirns im Kreise der Leistungsträger haben wir schon zur Sprache gebracht. Damit verpassen wir eine gewaltige Chance die Macht der Haltung für die gewünschte psychische Verfassung zu nützen – eine Ressource, die wir in Sekundenschnelle aktivieren können. Was geradezu wohltuend ist, sind wir doch gewohnt die Dinge erst langwierig zu durchdenken und diskutieren, um sie lösen zu können. Es kann jedoch tatsächlich genügen aufzustehen und die körperliche Statur einzunehmen, die individuell für z. B. für Gelassenheit steht.

Wie geschaffen für diese Welt, in der Zeit Mangelware ist – die Haltung ändern und die Situation augenblicklich neu bewerten. Klingt magisch oder esoterisch? Wir meinen eher ganz logisch, denn wir können es selbst jederzeit wahrnehmen – und zusätzlich die Ergebnisse der Forschung studieren. Wir ergänzen also in gebotener Kürze unsere Ausführungen zum Thema Embodiment mit konkreten Informationen, basierend auf den Arbeiten von Storch, Hüther, Cantieni et al., sowie der Haltungsschule der Kampfkünste.

Jede Änderung Ihres Muskeltonus verändert tatsächlich *ohne Verzögerung* auch Ihr Bewusstsein und Ihre Befindlichkeit. Das ist archaisch und wurde Ihnen vielleicht schon in Körpersprache-Seminaren beigebracht; Sie können es bereits jetzt beim Lesen direkt ausprobieren, indem Sie Ihre Position verändern.

Dabei zählt wie immer die Individualität – jemand Anderes kann Ihnen nicht vorturnen, mit welcher Haltung Sie sich souverän und stabil fühlen. Wir bieten Ihnen im Folgenden deshalb eine Basis an, auf der Sie selbst sich erforschen können.

▶
- Belasten Sie Ihre Füße möglichst oft im Laufe des Tages gleichmäßig, mit Schwerpunkten auf dem Großzehballen, der Ferse und den Außenseiten der Füße. Vertrauen Sie Ihr Gewicht dem Planeten an und entwickeln Sie einen Stand, auf den Sie sich verlassen können.
- Achten Sie auf flexible, leicht angewinkelte Knie (durchgestreckte Knie senden ein Signal von Stress an Ihre Psyche – Sie empfinden sich dann selbst als steif, unflexibel). Für weibliche Führungskräfte ein Problem, da hohe Schuhe ebenso chic wie ungünstig sind, durchgedrückte Knie und Hohlkreuz fördern. Versuchen Sie so gut es geht das Gewicht gleichmäßig auf den Fuß zu verteilen, die Knie zu entlasten und die Absatzhöhe auf das stilistisch Notwendige zu reduzieren.
- Die vielleicht wichtigste Übung: Vermeiden Sie ein Hohlkreuz und richten Sie das Becken auf. Die körpersprachliche Bedeutung ist enorm. Eine konsequente Aufspannung Ihres Körpers vom Becken aus stärkt immer das Selbstbewusstsein und das innere Erleben von Stärke. Sollten Sie ein Hohlkreuz machen, senden Sie ein aus der Kindheit stammendes Signal von Schutzbedürftigkeit an Ihre Gesprächspartner. Die Gleichzeitigkeit mit Gestaltungsmacht und -willen Ihrer Position als Führungskraft bewirkt eine typische Doppelbotschaft, die auf unbewusstem Weg Gesprächspartner in Zwickmühlen bringt. Fast niemand hat eines, wir machen ein Hohlkreuz wenn wir in der Pubertät ungünstige Vorbilder hatten. Ein Hohlkreuz reduzieren resp. die Aufrichtung des Beckens lässt sich trainieren. Pilates, Yoga, Taiji etc. bieten Übungen – und Sie können auch einfach in den Spiegel schauen, Ihr Becken mobilisieren und Ihre Haltung kontinuierlich verbessern. Als angenehmer Nebeneffekt wachsen Sie etwas – innerlich und äußerlich.
- Aufrichtung: Spannen Sie sich dann auf der Basis Ihres guten Standes vom Becken her auf. Achten Sie auf Ihren Kopf als wichtigen Signalgeber: Den Kopf unter Stress weit nach vorne gereckt, erkennbar eine schwere Last im Nacken – das ist Alltag in unserer Gesellschaft. Yoga liefert die Anleitung für eine korrekte „königliche" Haltung. Das Hinterhaupt wie an einem Faden leicht nach oben gezogen, der ganze Körper folgt und richtet sich auf. Die Sitzbeinhöcker, das Steißbein ziehen leicht nach unten – die Wir-

belsäule streckt sich. Das Kinn sinkt minimal in Richtung Brust, der Blick drückt automatisch mehr Entschlossenheit aus – und Sie fühlen sich auch so.

- Ergänzung „Power-Posture". Studien von Amy Cuddy et al. aus Harvard haben zusätzlich bewiesen, dass Sie durch Haltungen die Ihren Brustraum öffnen, automatisch Stresshormone abbauen und Testosteron aufbauen. Entgegen alter Vorurteile ist ein guter Testosteron-Wert bei beiden Geschlechtern mit einem Erlebnis von Souveränität, Fairness, Selbstvertrauen assoziiert und beruflich bedeutend. Bereits zwei Minuten mit ausgebreiteten Armen und weiter Brust (z. B. in Ihrem Büro vor einem wichtigen Gespräch) verändern Ihre hormonellen Werte deutlich messbar – und fühlbar.
  Achtung: Viele Menschen gehen unwillkürlich ins Hohlkreuz, wenn sie die Brust öffnen – das wäre ein Nullsummen-Spiel. Senken Sie das Becken bei der Übung bewusst ab.
  (Natürlich gilt auch das Gegenteil – die im Stress häufig nach vorne gezogenen Schultern reduzieren das Selbstvertrauen durch Einengung der Brust und vergröbern die Atmung.)
  Üblicherweise erleben viele von uns den Schwerpunkt im Oberkörper – auf einem schwachen Stand. Und sind damit leicht aus dem Gleichgewicht zu bringen, emotional wie körperlich. Das gilt auch für eine steife Aufrichtung als Kompensation, die Sie bei Führungskräften öfters beobachten können. Selbst Judoka hätten daran keine Freude auf der Matte, der Wurf ist zu einfach, ein Kinderspiel.
  Der gefühlte Schwerpunkt sinkt bei guter Haltung durch stabilen Stand, flexible Knie und entspannte Becken-Muskulatur. Je tiefer der Schwerpunkt, je verwurzelter ein Mensch, desto weniger bringt ihn aus der Ruhe. Ohne gute Haltung ist meisterliche Führung dauerhaft kaum vorstellbar.

7 Konkrete Anregungen zum Thema Stress – auf ein Wort zu Ihrer Sicherheit

Wenn die Seele Notsignale aussendet, ist das eine Chance, etwas über sich zu lernen und sein Leben zu verändern. (Thomas Bock, Psychologe)

Sie existiert wohl nicht mehr – keiner hat sie in den letzten Jahren irgendwo entdeckt – die stress-arme Organisation in der die Anwesenden einfach nur konzentriert Ihrer Arbeit nachgehen. Stattdessen hetzen getriebene Menschen von Deadline zu Meeting und umgekehrt, erleben sich als Opfer moderner Management-Methoden, leiden unter optimierten Prozessen und mangelhaft aufgesetzten Projekten – vor allem an schlechter Führung. Im Zweifel heißt das: **Selbstführung**.

Sie gehören nicht dazu, haben alles im Griff? Bitte lesen Sie erst weiter, bevor Sie sich das selbst abkaufen.

„Wer seinen Erfolg seriös planen will, der **plant** auch seine Gesundheit" – ein Leitsatz aus der Arbeit eines Autors. Haben Sie schon mal darüber ernsthaft nachgedacht, dass Ihre stabile Gesundheit die Basis Ihrer Karriere darstellt? Neu ist für viele Teilnehmer und Zuhörer von Seminaren i. A. der Gedanke, dass Gesundheit planbar ist. Und dass auch Macher und Mächtige (m/w) biologische Mindestanforderungen erfüllen müssen, um gegenüber der allgegenwärtigen Gefahr von Überlastungskrankheiten immun zu bleiben. Ist Ihnen bewusst, dass „funktionieren" für ein lebendes System genau genommen *pervers* ist?

► Schönreden ist üblich – und schlichtweg falsch.

J. Schanze, J. Schuster, *Der Weg zur Meisterschaft in der Führung*,
DOI 10.1007/978-3-658-04332-2_7, © Springer Fachmedien Wiesbaden 2014

Da wir alle keine Zeit haben, kümmern wir uns gerne zuerst um die Angelegenheiten, die Außenwirkung erzielen. Selbstfürsorge gehört wohl nicht dazu – **Selbstverantwortung** wäre indes bereits ein Wahrnehmen der Sorgfaltspflicht gegenüber meinem Arbeitgeber – auch wenn es in der (gelebten) Unternehmenskultur genauso wenig Beachtung finden mag. Wer soll sich denn um Sie kümmern, wenn nicht Sie selbst? Unter Kostenaspekten tragen Sie die Verantwortung für Ihre Leistungserbringung – je erschöpfter Sie schon sind, umso geringer ist Ihr Output. Gestatten Sie uns einen Blick auf die verdrängte Wahrheit. Wahrnehmen und handeln – grundlegende Führungsaspekte – werden in genau diesem Bereich grob fahrlässig vernachlässigt, mit enormen Konsequenzen.

„Deutschland brennt – nur wollte es lange niemand wahrhaben", schrieb das Manager Magazin schon 2012.

Überlastung und Erschöpfung sind traurige Realität. Das Dumme daran ist, dass Fleiß gerne mit Output verwechselt wird – völlig unlogisch. Das Dumme daran ist auch, dass angeschlagene Mitarbeiter in mehr Zeit weniger leisten – völlig logisch. Und das Unsägliche daran ist, dass wir zu dieser Situation nicht stehen. Wir reden das Problem klein und spielen „Schönwetter", auch wenn der Himmel bereits düster wird. Und es ist so verständlich, denn das „Problem von Managern ist, dass sie keines haben dürfen". Wir sind darauf geeicht zu glänzen, und wir sind nicht vorbereitet jemandem ehrlich mitzuteilen, dass unsere Energie erkennbar zur Neige geht und wir etwas ändern müssen. Selbst im engsten Freundes – oder Familienkreis. Der Suizid zweier Schweizer Topmanager innerhalb weniger Wochen im Sommer 2013 traf dann auch das Umfeld wie ein Blitz aus heiterem Himmel – offensichtlich völlig überraschend. So hat bei der Arbeit mit Führungskräften die Frage „Wie geht es Ihnen?" eine ganz neue Dimension gewonnen.

Zeitdruck, Workload, Mobbing und unbedingt funktionieren wollen – Grundverständnis von Stress

Jochen N., Key-Accounter, wurde von seinem Vorgesetzten zum Coaching „geschickt". Er selbst empfand es als Schande, sich helfen zu lassen obwohl er bereits Psychopharmaka einnahm um durchzuhalten. Und hier liegt das erste große Missverständnis: Coaching, Therapie und/oder die Visite beim Arzt sind bezahlte *Dienstleistung* – niemals Hilfe. Helfen können wir alle immer nur Schwächeren – z. B. einer alten Dame bei Glatteis – alles andere ist Kooperation auf Augenhöhe. Seien Sie also vorsichtig mit dem allgegenwärtigen „Helfen", es verändert die Beziehung. Zwischen Experten aus verschiedenen Bereichen – hier der Key-Account-Manager, Controller etc. – da der Berater, herrscht ein Dienstleistungsverhältnis.

Bitte verstehen Sie das Phänomen Stress, das ist für eine gute Karriere inzwischen unerlässlich. Damit Sie der Herr im eigenen Haus bleiben, statt Opfer der Umstände zu werden.

Eine Stressreaktion läuft immer gleich ab – ob durch den vielzitierten Säbelzahntiger vor 10.000 Jahren oder Streit mit einem Kollegen hier und heute. Eine Überlebensreaktion mit den Optionen Kampf oder Flucht setzt ein. Für ein Studium der Faktenlage ist beim Kampf um das Leben meist keine Zeit – **also hat unser Gehirn uns diese Entscheidung** schon vor Jahrmillionen *abgenommen*. Und reagiert in Sekundenschnelle. Das hat unserer Spezies das evolutionäre Überleben gesichert – und beschert uns heute in einer artifiziellen Umwelt ein dauerhaftes Hochdrehen unserer Regler mit der Schwierigkeit die natürlich vorgesehene und ausgleichende Regeneration ausreichend zu erleben.

Wir sind so stolz auf unser Großhirn, mit dem wir die Welt erklären und scheinbar alles beherrschbar machen können. Und doch ist es an dieser und vielen anderen Reaktionen wenig beteiligt. Die sogenannte HHN-Achse (Hypothalamus-Hypophyse-Nebennieren) aktiviert bei einer Bedrohung (Stress) blitzschnell und für uns unbewusst eine Kaskade von innerbetrieblichen Maßnahmen: Die Muskulatur wird mit Energie versorgt, Puls und Atmung verändern sich ebenso wie das Blickfeld und die Gedanken – Sie können jetzt *sofort* kämpfen oder fliehen. Wie sehr Ihnen das in einem kontroversen Meeting nutzen kann, mögen Sie selbst beurteilen.

▶ Gedacht ist dieses biologische Notfallprogramm auf eine als Überlastung/Gefährdung wahrgenommene Situation dann auch nur für kurze Zeit. Ist der Stress vorbei (haben wir überlebt), schaltet unser System auf Erholung und Regeneration. In einer auf Leistung und Perfektion durch-gestylten Welt nimmt der Stress für Viele kein Ende. Die kontinuierliche Kaskade in Ihrem Inneren, hervorgerufen durch Zeitdruck, Workload und vor allem *andere Menschen* führt somit zur Überlastung bestimmter Organe, und zur Abschaltung der für Kampf und Flucht erst mal unnötigen Regelsysteme Schlaf, Verdauung und Libido. Mit zahlreichen schmerzhaften Auswirkungen – wenn Ihr System zu oft versucht Ihr Leben zu retten, kann das tödlich enden.

Alles psychisch bedingt? Körperliche Symptome und die Chance für den Ausstieg

Das größte Problem im Zusammenhang mit dem Burnout-Syndrom und anderen überlastungsbedingten Gesundheitskrisen: Der Körper schickt uns als unbestechlicher Kooperationspartner frühzeitig Symptome. Geradezu „händeringend" werden wir so hingewiesen auf das, was der Fachmann „Allostatic Overload" nennt.

Und so bekommen wir Schlafstörungen, Reizdarm-Syndrom und Lustlosigkeit, was für sich schon wieder zusätzlichen Stress verursacht. Dazu zahlreiche Muskelverspannungen, Rückenschmerzen, Infekte, Bandscheibenvorfall, Tinnitus, Hörsturz, Herzinfarkt – und auf der psychischen Ebene erleben wir zunehmend Sinn- und Perspektivlosigkeit sowie Angst. Immer wieder Angst, vor was auch immer. Die Möglichkeiten die wir zur Erklärung (und Selbsttäuschung) finden sind zahlreich. Was klingt wie ein Horrorfilm lässt sich beliebig verlängern. Hören Sie sich einfach in Ihrem Freundes- und Kollegenkreis um.

Traurig ist die oft nur symptomatische Behandlung z. B. der Rückenschmerzen, ohne den großen Zusammenhang klar zu stellen. Der Burn-Out ist dann das Endstadium eines mehrjährigen Prozesses, ein multiples Erschöpfungs-Syndrom. Auch wenn die Medizin mit einer klaren Diagnose hinterher hinkt – der Begriff Burn-Out ist in kurzer Zeit weltweit zum Synonym für einen schweren körperlichen und mentalen Erschöpfungszustand geworden.

Für Werner F., erst 42-jähriger Vorzeigemanager der IT-Branche kam die Erkenntnis, dass unbegrenzte Dauerleistung ein fast sicherer Weg in die Krankheit ist, zu spät. Als er vom Notarzt mit Herzrhythmusstörungen und Kreislaufproblemen aus einer Tagung geholt wurde. Diagnose: Burn-Out. Keiner hatte was gemerkt – hätte er selbst früher reagieren können?

Auf jeden Fall! Was wenige Mediziner bedenken, besonders nicht die „Fachleute" aus der Psychotherapie: Stress ist labortechnisch recht gut messbar. Leider wird bei vielen Betroffenen nur ein kleines Blutbild genommen, mit der Diagnose: „Soweit in Ordnung – das muss wohl was Psychisches sein!?" Niederschmetternd empfinden gerade Führungskräfte diesen Kommentar. Natürlich kann man Stress als ein psychisches Phänomen mit körperlichen Symptomen werten. Und doch ist der alleinige Weg zur Psychotherapie jetzt meistens der verkehrte Ansatz – von den Wartezeiten gar nicht zu sprechen.

Wie geht es besser?

Kopf Jedes seriöse Stressmanagement setzt bei der *Bewertung* an (Kap. 3). Im akuten Erleben ist es tatsächlich hilfreich sich zu fragen, ob die aktuelle Situation wirklich lebensbedrohlich ist. Und ob wir – falls es überhaupt jemals so weit geht – den eventuellen Verlust des Arbeitsplatzes im inneren Erleben mit dem Verlust des Lebens gleichsetzen wollen. Viele Bedrohungen die wir unbewusst erleben verbinden wir mit der **Aufrechterhaltung unseres sozialen Status.** Wichtig, und sehr verständlich in unserer Gesellschaft, aber nicht Alles. In „Entkatastrophisierungs"-Gesprächen berichten dann auch viele Führungskräfte, dass sie sehr schnell einen anderen Arbeitsplatz hätten oder intern wechseln könnten, wenn die Situation eskaliert. Bis dahin aber halten wir aus – zähneknirschend, leidend und warum auch immer.

Den zahlreichen Möglichkeiten die be-/überlastende Situation neu zu bewerten und anders zu erleben widmen wir uns deshalb an anderer Stelle ausführlich (Sicherheit, Gelassenheit, Angst etc.).

Fakt ist: Stress machen wir uns *unfreiwillig* auch immer ein Stück weit selbst – innere Bilder von Streit, Scham, Geldnot, Entlassung u. v. a. wirken schon fast wie das Erlebnis selbst. Stress entsteht in hohem Maße durch etwas, das nur im Kopf existiert, gemeinhin tituliert mit dem Begriff Sorgen. Die bedeutendste Sorge dabei ist es, den (vermuteten) Erwartungen des Umfeldes nicht entsprechen zu können.

Eine starke Waffe ist die Freude über das Erreichte, der bewusste Genuss von „Moments of Excellence" – wir hasten über unsere Erfolge zu schnell hinweg. Je handlungsfähiger und selbst-wirksamer sich jemand erlebt, umso weniger kann Stress andocken.

Körper Es gibt (noch?) keine Disziplin „Stressmedizin", so dass Sie meist nur symptomatisch z. B. am Bluthochdruck oder Rücken behandelt werden. Fragen Sie Ihren Arzt bei starker Erschöpfung nach „Adrenal Fatigue" und/oder suchen Sie einen Spezialisten. Geben Sie sich *nicht* mit „Alles nur psychisch" zufrieden, moderne Labormedizin gibt ein klares Bild und *muss* der sprechenden Medizin vorausgehen/zuarbeiten. Eines allein heißt immer Chancen verschenken.

Fazit

Die Welt, die wir uns geschaffen haben laugt uns tendenziell aus. Es sei denn, wir zeigen uns einmal mehr unabhängig und achten im besten Sinne auf die *Nachhaltigkeit* unseres eigenen Systems.

- Welche Leistungsgrenzen habe ich? Kann ich akzeptieren, dass jedes lebende System durch Grenzen definiert ist?
- Erlaube ich übermäßigen Druck? Zeige ich mich abhängig, gar hörig den Erwartungen des Umfeldes? Wie realistisch beurteile ich diese Erwartungen überhaupt? Kann ich mit meinen Vorgesetzten offen sprechen?
- Coaching kann bei stressbedingter Erschöpfung sehr wertvoll sein.
- Wie kann ich mit den Anforderungen/Kollegen/Mitarbeitern/Vorgesetzten/Zielen etc. anders in Beziehung treten?
- Was ist mein Beitrag – welche „Götter" bete ich an, für wen oder was spiele ich das Spiel bis zur Erschöpfung?
- Da sich das Umfeld meist nicht ändern lässt – wie kann ich meinen Umgang mit diesem Umfeld ändern? Meine (innere) Autonomie stärken?

Eine Atmosphäre von Stress, Zeitnot und Pausenlosigkeit beweist nicht, dass hart gearbeitet wird – sondern nur, dass falsch gearbeitet wird. (nach Frank Berzbach)

Denken unter Zeitdruck

Warum haben wir gut 3 Seiten zum Thema Stress und Dauerbelastung investiert? Es hat auch mit unserem wichtigsten Arbeitsmittel zu tun.

Dauerhafter und starker Stress, der heute sehr allgegenwärtig scheint **schaltet unseren Verstand aus.** Punkt. Und das ist der tiefere Sinn, warum wir Sie einladen Stress zu verstehen. Neurobiologie ist inzwischen allgegenwärtiges Gemeingut, deswegen begrenzen wir die Ausführungen auf das nötige – die Fähigkeit klar zu denken und zu entscheiden.

Der *präfrontale Kortex* ist eine der größten und bedeutendsten Regionen im Gehirn – und sitzt wie der Name suggeriert hinter der Stirn (System 2 in Kap. 3). Hier wird geplant, abgewogen, abstrahiert, konzentriert eine Aufgabe gelöst – auch Ihr Arbeitsgedächtnis befindet sich dort. Kurz: Hier findet Management statt. Und dieser Bereich leidet unter Dauerstress am Meisten. Die Auswirkungen kennen Sie: Der Tunnelblick den Sie bei Stress erleben fixiert

Sie auf den Stressor, eine schlagfertige Antwort, die ideale Reaktion und Entscheidung wird schwierig. Doch es geht weiter – die übergeordnete Gedankenkontrolle verlagert sich mit der Intensität des Erlebens immer mehr auf archaische Gehirnstrukturen im limbischen System. Intensive Emotionen von Wut bis Angst dominieren zunehmend, Beherrschung und Impulskontrolle werden schwierig – es droht ein „Blackout". Im heimischen Umfeld angelangt steigt die Gefahr des Auslebens über Spiel- oder Alkoholsucht, unkontrolliertem Essen oder Konsum.

Bei heute üblicher Dauerbelastung beginnt diese Gehirnstruktur schließlich unter dem neurotoxischen Einfluss der Stress-Hormone zu schrumpfen – visuell erkennbar mit modernen bildgebenden Verfahren. Sie verändern sich, Sie verlieren sich – die ganze Persönlichkeit unterliegt einem unfreiwilligen „Change". Kollegen, Freunde und Familie leiden jetzt unfreiwillig mit. Denn das Umfeld spürt es zuerst – und spricht Betroffene durchaus an. Ernten dafür Leugnung, Abwehr, Aggression, bestenfalls Beteuerungen, dass bald Alles anders wird. Die Einbahnstraße in eine Erschöpfungskrankheit ist gewählt.

Heilung und Regeneration im Hirn ist zu jeder Zeit möglich. Dazu bedarf es zuerst der klaren Entscheidung des Individuums – die aus geschilderten Gründen mit der Zeit immer schwerer wird. Ihr Gehirn liefert dauerhafte Höchstleistung nur in Balance mit Regeneration – idealerweise spätestens alle 90 min in Form eine Minimal-Auszeit (entsprechend einer „Rauchpause"). Oder wenn es wenigstens ein Blick aus dem Fenster sein darf.

Übergeordnet im Tages-Rhythmus hat Ihr Gehirn einen Tiefschlaf-Bedarf der dem Gedächtnis und vielen anderen Funktionen dient, sowie einen Bedarf an Traumschlaf, der Ihrer emotionalen Erholung dient (damit auch dem Stress-Abbau). Ein Power-Nap von ein paar Minuten, wie in Asien oft selbstverständlich, bringt dem Geist einen überdurchschnittlichen Leistungszuwachs – lebendige Effizienz.

Wir wollen Sie ermutigen, für sich und Ihr Team den unglaublichen Verlust an Leistung, Zeit und Rendite ebenso zu begrenzen, wie das durch Stress entstehende Leid der Betroffenen und ihres Umfeldes.

Fazit

- Dauerbelastung reduziert die Fähigkeit klare Gedanken zu fassen, zu bewerten, analysieren und zu entscheiden. Wahrnehmung wird beschränkt, Führungskompetenz geht verloren.

- Die Problemstellung existiert überhaupt nur in diesem Umfang, weil sie in vielen Organisationen, aber auch von den betroffenen Menschen geleugnet wird.
- Selbst- und Zeitmanagement-Kurse etc. sind mitunter hilfreich, meist ändert sich zu wenig. Auf Dauer hilft nur eine Entwicklung der eigenen Haltung.

Danksagung

Meister Klaus Miethig 5. Dan, der uns mit seinem Dochang und seinem Wissen immer wieder die Welt der Kampfkunst zum Studium und zum Abgleich eröffnet hat.

Irene Schuster für geduldigen Rat und zahlreiche, wertvolle Anregungen.

Petra Hofmann (Abteilungsleiterin), für ihre Bereitschaft innerhalb ihres Verantwortungsbereiches mit uns gemeinsam den Zusammenhang von Führung und Kampfkunst zu erproben und mit großer Freude zu praktizieren.

Gerd Brand (Leiter einer Business-Line) und seinem Management-Team für intensive Diskussionen und eine fruchtbare Auseinandersetzung mit den Themen werteorientierter Führung und Selbstführung.

Meister Michael Hesse 6. Dan (Trainer und Prüfer für TaeKwonDo), Manager in einer Großbank, für ein gehaltvolles und sehr reflektiertes Interview

Peter Strobel 2. Dan (Trainer für Aikido) und Geschäftsführer eines Energieerzeugers, für ein Interview über Kampfkunst und Management, sowie Aufbau und Leitung einer Betriebssportgruppe für Kampfkunst.

J. Schanze, J. Schuster, *Der Weg zur Meisterschaft in der Führung*,
DOI 10.1007/978-3-658-04332-2,

Weiterführende Literatur

Kirchner, B. (1994). *Benedikt für Manager – Die geistigen Grundlagen des Führens.* Wiesbaden: Betriebswirtschaftlicher Verlag Dr. Th. Gabler GmbH.

Bouée, C.-E. (2011). *China's management revolution.* New York: Palgrave MacMillan.

Schulz von Thun, F. (2006). *Miteinander reden: 3, Das „Innere Team" und situationsgerechte Kommunikation.* Reinbek bei Hamburg: Rowohlt Taschenbuch Verlag (Sonderausgabe).

Glasl, F. (1992). *Konfliktmanagement – Ein Handbuch zur Diagnose und Behandlung von Konflikten für Organisationen und ihre Berater.* Stuttgart: Verlag Paul Haupt Bern, Verlag Freies Geistesleben.

Funakoshi, G. (1938/2009). *Karate-do: Die Kunst, ohne Waffen zu siegen.* München: Piper.

Gallo, F. T. (2011). *Business leadership in China: How to blend best western practices with Chinese wisdom.* Singapore: Wiley.

Hüther, G. & Michels, I. (2009). *Gehirnforschung für Kinder, Felix und Feline entdecken das Gehirn.* München: Kösel-Verlag.

Hoffmann, K. (2005). *Boxen & Managen: Eine Praxisanleitung für Führungskräfte und alle, die geradlinig sein wollen.* Berlin: Econ.

Hüther, G. (2012). *Wie aus Stress Gefühle werden. Betrachtungen eines Hirnforschers* (4. Aufl.). Göttingen: Vandenhoeck & Ruprecht.

Hüther, G. (2014). *Die Macht der inneren Bilder. Wie Visionen das Gehirn, den Menschen und die Welt verändern* (12. Aufl.). Göttingen: Vandenhoeck & Ruprecht.

Inazo Nitobe. (1904/2009). *Bushido.* Neuenkirchen: RaBaKa Publishing.

Kotter, J., & Rathgeber, H. (2009). *Das Pinguin-Prinzip: Wie Veränderung zum Erfolg führt.* Droemer Verlag.

Albrecht, J. (29. Mai 2011). *Die dunkle Seite der Macht.* Wissenschaft: Frankfurter Allgemeine Sonntagszeitung.

Kahneman, D. (2011). *Thinking, fast and slow.* London: Penguin.

Kullmann, K. (2012). Die Kraft der Stillen. *Der Spiegel* (Ausgabe 34).

Klötzl, Preuss, Schanze (2008). *Führen ohne Zweifel.* Unveröffentlichtes Dokument.

Kropp, D., & Barandun, C. (2009). *Aikido – Die friedfertige Kampfkunst zur Persönlichkeitsentfaltung.* Kösel-Verlag.

J. Schanze, J. Schuster, *Der Weg zur Meisterschaft in der Führung,*
DOI 10.1007/978-3-658-04332-2, © Springer Fachmedien Wiesbaden 2014

Storch, M. (2010). *Machen Sie doch, was Sie wollen!* Hogrefe AG: Huber.

Storch, M. & Krause, F. (2009). *Selbstmanagement – ressourcenorientiert, Grundlagen und Trainingsmanual mit dem Züricher Ressourcen Modell (ZRM).* Hogrefe AG: Huber.

Pater, R. (2000). *Leading from within: Martial arts skills for enlightened business and management.* Park Street Press.

Gamber, P. (1992). *Konflikte und Aggressionen im Betrieb – Problemlösungen mit Übungen, Tests und Experimenten.* München: mvg-Verlag.

Senge, P.M., KLeiner, A. Smith, B. Roberts, C. Ross, R. (1996). *Das Fieldbook zur Fünften Disziplin.* Klett-Cotta (Originalausgabe).

Hank, R. & Meck, G. (20. November 2011). *Ein Ackermann muss gehen.* Wirtschaft: Frankfurter Allgemeine Sonntagszeitung.

Schlosser-Nathusius, U., & Markowetz, F. (2006). *Kampfkunst als Lebensweg.* Heidelberg: Kristikeitz.

Simon, R. (2009). *Laozi Daodejing.* Reclam.

Storch, M., Cantieni, B., Hüther, G., & Tschacher, W. (2007). *Embodiment.* Bern: Huber.

SunTzu. (500 b.C./2008). *Die Kunst des Krieges.* Hamburg: Nikol Verlags-GmbH.

Volk, T. (2011). *Unternehmen Wahnsinn.* München: Kösel-Verlag.

Steiger, T., & Lippmann, E. (Hrsg.). (1999/2003). *Handbuch für angewandte Psychologie für Führungskräfte – Führungskompetenz und Führungswissen, Band I und II.* Berlin: Springer-Verlag.